Office 2021 电脑办公基础教程
(微课版)

文杰书院　编著

清华大学出版社
北京

内 容 简 介

本书以通俗易懂的语言、翔实生动的操作案例、精挑细选的使用技巧，指导初学者快速掌握 Office 2021 的基础知识以及操作方法，分别介绍了 Word 2021 文档编辑入门、编排 Word 文档格式、编排图文并茂的文章、创建与编辑表格、Word 高效办公、Excel 2021 工作簿与工作表、输入与编辑数据、定制和美化工作表、公式与函数的应用、数据分析与图表制作、PowerPoint 2021 演示文稿基本操作、美化和修饰演示文稿、设计与制作幻灯片动画、放映与打包演示文稿、Office 2021 其他组件及高级应用等方面的知识。

本书面向学习 Office 的初、中级用户，既适合各行各业需要学习 Office 软件的人员作为自学手册使用，也适合作为社会培训机构、高等院校相关专业的教学配套教材或学习辅导书。

图书在版编目(CIP)数据

Office 2021 电脑办公基础教程：微课版/文杰书院编著. —北京：清华大学出版社，2023.6
新起点电脑教程
ISBN 978-7-302-63552-9

Ⅰ. ①O…　Ⅱ. ①文…　Ⅲ. ①办公自动化—应用软件—教材　Ⅳ. ①TP317.1

中国国家版本馆 CIP 数据核字(2023)第 087761 号

责任编辑：魏　莹
封面设计：李　坤
责任校对：李玉茹
责任印制：曹婉颖

出版发行：清华大学出版社
　　　　网　　　址：http://www.tup.com.cn, http://www.wqbook.com
　　　　地　　　址：北京清华大学学研大厦 A 座　　　邮　　编：100084
　　　　社 总 机：010-83470000　　　　　　　　　　邮　　购：010-62786544
　　　　投稿与读者服务：010-62776969, c-service@tup.tsinghua.edu.cn
　　　　质量反馈：010-62772015, zhiliang@tup.tsinghua.edu.cn
印 装 者：北京同文印刷有限责任公司
经　　销：全国新华书店
开　　本：185mm×260mm　　印　张：19.75　　字　数：477 千字
版　　次：2023 年 6 月第 1 版　　　　　　印　次：2023 年 6 月第 1 次印刷
定　　价：75.00 元

产品编号：099486-01

前　言

Microsoft 公司推出的 Office 2021 电脑办公套装软件以其功能强大、操作方便和安全稳定等特点，成为深受广大用户喜爱的、应用非常广泛的办公软件。为帮助读者快速掌握与应用 Office 2021 办公套装软件，以便在日常的学习和工作中学以致用，我们精心编写了本书。

阅读本书能学到什么

本书根据初学者的学习习惯，采用由浅入深、由易到难的方式进行讲解，为读者提供了一个全新的学习和实践操作平台，无论是基础知识的安排，还是实践应用能力的训练，都充分考虑了读者的需求，以期快速达到理论知识与应用能力的同步提高。本书结构清晰，内容丰富，主要包括以下四方面的内容。

1. Word 2021 文档编辑

第 1～5 章，全面介绍了 Word 2021 文档编辑入门、编排 Word 文档格式、编排图文并茂的文章、创建与编辑表格、Word 高效办公等内容。

2. Excel 2021 电子表格

第 6～10 章，全面介绍了 Excel 2021 工作簿与工作表、输入与编辑数据、定制和美化工作表、公式与函数的应用、数据分析与图表制作等内容。

3. PowerPoint 幻灯片制作

第 11～14 章，全面介绍了 PowerPoint 2021 演示文稿基本操作、美化和修饰演示文稿、设计与制作幻灯片动画、放映与打包演示文稿等内容。

4. Office 2021 其他组件及高级应用

除了 Word、Excel 和 PowerPoint 三大常用办公组件外，我们还在最后一章介绍了使用 Outlook 收、发邮件，使用 OneNote 收集和处理工作信息，以及办公应用中 Office 2021 组件间的协同等内容。

丰富的配套学习资源和获取方式

为帮助读者高效、快捷地学习本书的知识点，我们不但为读者准备了与本书知识点有关的配套素材文件，而且还设计并制作了精品短视频教学课程，同时还为教师准备了 PPT 课件资源，读者均可免费获取。

(一)配套学习资源

1. 同步视频教学课程

本书所有知识点均提供了同步配套视频教学课程，读者可以通过扫描书中的二维码在线实时观看，也可以将视频内容下载并保存到手机或者电脑中离线观看。

2. 配套学习素材

本书提供了每个章节实例的配套学习素材文件，如果想获取本书全部配套学习素材，读者可以通过"读者服务"文件进行下载。

3. 同步配套PPT教学课件

教师购买本书，我们提供了与本书配套的PPT教学课件，同时还为各位教师提供了课程教学大纲与执行进度表。

4. 附录A 综合上机实训

对于选购本书的教师或培训机构，本书为读者准备了6套综合上机实训案例，以巩固和提高实践动手能力。

5. 附录B 综合测试题

为了巩固和提高读者的学习效果，本书还提供了3套知识与能力综合测试题，便于教师、学生和其他读者进行测试。

6. 附录C 课后习题及知识与能力综合测试题答案

我们提供了与本书有关的课后习题、知识与能力综合测试题答案，便于读者对照以检测学习效果。

(二)获取配套学习资源的方式

读者在学习本书的过程中，可以使用手机浏览器、QQ或者微信的"扫一扫"功能，扫描下方的二维码，下载文件"读者服务.docx"，获得与本书有关的技术支持服务信息和全部配套学习素材资源。

读者服务

本书由文杰书院组织编写，参与本书编写工作的有李军、袁帅、文雪、李强、高桂华等。我们真切地希望读者在阅读本书之后，可以开阔视野，增长实践操作技能，并从中学习与总结操作的经验和规律，达到灵活运用软件的目的。鉴于作者水平有限，书中纰漏和考虑不周之处在所难免，热忱欢迎读者予以批评、指正，以便我们日后能为您编写更好的图书。

编　者

目 录

新起点
电脑教程

第1章

Word 2021 文档编辑入门

本章要点

📖 认识 Word 2021
📖 新建与保存文档
📖 输入与编辑文本

本章主要内容

本章主要介绍 Word 2021 的工作界面与文档视图方式、新建与保存文档方面的知识及技巧，同时讲解如何输入与编辑文本。在本章的最后还针对实际的工作需求，讲解设置文档自动保存时间间隔、设置默认的文档保存路径、设置纸张大小和方向的方法。通过本章的学习，读者可以掌握 Word 2021 基础操作方面的知识，为深入学习 Office 2021 知识奠定基础。

1.1　认识 Word 2021

Office 2021 是微软公司的办公软件套装，它包含 Word 2021、Excel 2021 和 PowerPoint 2021 三大常用组件，这三个组件分别应用于办公的不同方面，如文字处理、数据统计、幻灯片演示等。三个组件的工作界面大体相同，但又各具特色。Word 2021 是 Office 2021 的一个重要组成部分，是一款优秀的文字处理软件，其主要用于日常办公和文字处理等操作。本节将介绍 Word 2021 工作界面的相关知识。

1.1.1　Word 2021 的工作界面

使用 Word 2021 前首先要了解 Word 2021 的工作界面，用户通过 Word 2021 的工作界面，就能大致了解该软件的特点。下面介绍 Word 2021 的工作界面，如图 1-1 所示。

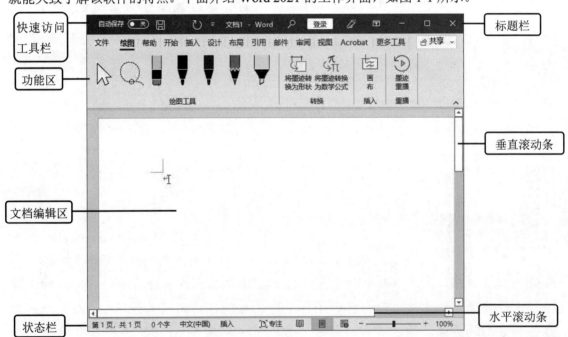

图 1-1

> 快速访问工具栏：位于操作界面的左上方，用于快速执行一些操作命令，如自动保存、保存、撤销键入、重复键入等。
> 功能区：位于标题栏的下方，包括【文件】、【绘图】、【帮助】、【开始】、【插入】、【设计】、【布局】、【引用】、【邮件】、【审阅】和【视图】等多个选项卡。
> 文档编辑区：位于窗口正中间，是 Word 2021 的主要工作区域，用于输入和编辑文档内容。
> 状态栏：位于文档编辑区下方，包括显示当前文本的页数、字数、输入状态等信息

的状态区，切换文档视图方式的快捷按钮以及设置显示比例的滑块。

➢ 标题栏：位于操作界面的最上方，包括文档和程序的名称、【最小化】按钮、【最大化】按钮、【还原】按钮和【关闭】按钮。

➢ 垂直滚动条、水平滚动条：分别位于文档编辑区的右侧和下方，用于查看窗口中超过屏幕显示范围而未显示出来的文本内容。

1.1.2　文档视图方式

视图方式是一种在计算机中显示文件或文档的方式。在 Word 2021 中提供了多种视图方式供用户选择，如页面视图、阅读视图、Web 版式视图、大纲视图、草稿视图等。下面详细介绍 Word 2021 的视图方式。

1. 页面视图

页面视图是 Word 2021 的默认视图方式，用于显示文档所有内容在整个页面的分布状况，并可对其进行编辑操作。在 Word 2021 中，设置页面视图的方法有两种，下面介绍具体的操作方法。

(1) 在 Word 2021 中，选择【视图】选项卡，在【视图】选项组中单击【页面视图】按钮，即可应用页面视图，如图 1-2 所示。

(2) 在 Word 2021 的状态栏中包含切换视图方式的快捷按钮，用户通过单击该快捷按钮也可以完成视图方式的切换，如图 1-3 所示。

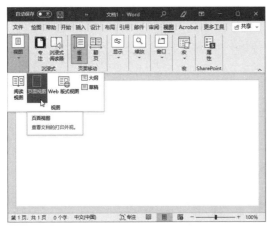

图 1-2

图 1-3

2. 阅读视图

阅读视图一般应用于阅读和编辑长篇文档，文档编辑区将以最大空间显示页面文档。下面介绍设置阅读视图的操作方法。

第 1 步 打开一个文档，*1.* 选择【视图】选项卡，*2.* 在【视图】选项组中单击【阅读视图】按钮，如图 1-4 所示。

第 2 步 Word 2021 将以阅读视图方式显示文档，这样即可完成使用阅读视图显示文档的操作，如图 1-5 所示。

图 1-4

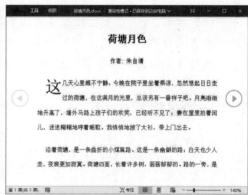

图 1-5

3. Web 版式视图

Web 版式视图是显示文档在 Web 浏览器中的外观，在此视图中没有页码、章节等信息。下面介绍设置 Web 版式视图的操作方法。

第 1 步 打开一个文档，**1.** 选择【视图】选项卡，**2.** 在【视图】选项组中单击【Web 版式视图】按钮，如图 1-6 所示。

第 2 步 Word 2021 将以 Web 版式视图方式显示文档，这样即可完成使用 Web 版式视图显示文档的操作，如图 1-7 所示。

图 1-6

图 1-7

4. 大纲视图

大纲视图是用缩进文档标题的形式代表标题在文档结构中的级别。使用大纲视图处理主控文档，不用复制和粘贴就可以移动文档的整章内容。下面介绍设置大纲视图的操作方法。

第 1 步 打开一个文档，**1.** 选择【视图】选项卡，**2.** 在【视图】选项组中单击【大纲】按钮，如图 1-8 所示。

第 2 步 Word 2021 将以大纲视图方式显示文档，这样即可完成使用大纲视图显示文档的操作，如图 1-9 所示。

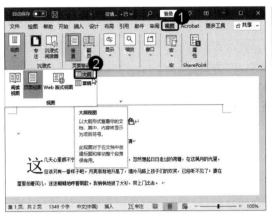
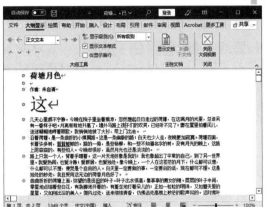

图 1-8　　　　　　　　　　　　　　　图 1-9

5. 草稿视图

草稿视图是 Word 2021 中的一种仅显示标题和正文的视图方式，是最节省计算机系统硬件资源的视图方式。下面介绍设置草稿视图的操作方法。

第 1 步 打开一个文档，*1.* 选择【视图】选项卡，*2.* 在【视图】选项组中单击【草稿】按钮，如图 1-10 所示。

第 2 步 Word 2021 将以草稿视图方式显示文档，这样即可完成使用草稿视图显示文档的操作，如图 1-11 所示。

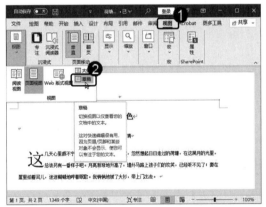
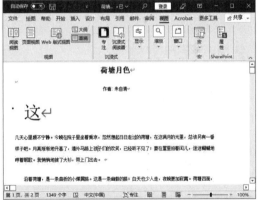

图 1-10　　　　　　　　　　　　　　　图 1-11

1.2　新建与保存文档

Word 2021 是一款优秀的文字处理软件，主要用于日常办公和文字处理等操作。认识 Word 2021 工作界面后，用户就可以进行新建与保存文件的基本操作，包括新建空白文档、保存文档以及打开已经保存的文档等。本节将详细介绍在 Word 2021 中新建与保存文档的相关知识。

1.2.1 新建空白文档

当用户需要制作一个文档的时候，往往都是从创建空白文档开始的。如果需要创建新的文档，用户可以使用【文件】选项卡进行创建。下面介绍新建空白文档的操作方法。

第 1 步 启动 Word 2021，选择【文件】选项卡，如图 1-12 所示。

第 2 步 进入 Backstage 视图，**1.** 选择【新建】选项，**2.** 单击【空白文档】模板，即可新建一个空白文档，如图 1-13 所示。

图 1-12

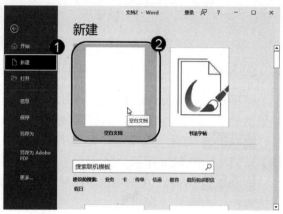

图 1-13

1.2.2 保存文档

创建好文档后，用户应及时将其保存，以便下次进行查看和编辑。下面详细介绍保存文档的操作方法。

第 1 步 完成对新建文档的编辑操作后，选择【文件】选项卡，如图 1-14 所示。

第 2 步 进入 Backstage 视图，**1.** 选择【另存为】选项，**2.** 单击【浏览】按钮，如图 1-15 所示。

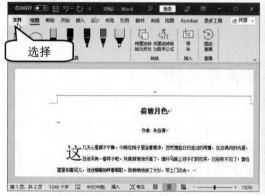

图 1-14

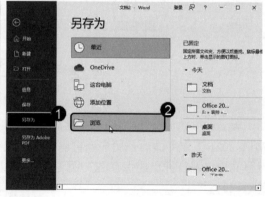

图 1-15

第 3 步　弹出【另存为】对话框，**1.** 选择准备保存的位置，**2.** 在【文件名】文本框中输入文档名称，**3.** 单击【保存】按钮，如图 1-16 所示。

第 4 步　返回到刚刚编辑的文档中，可以看到文档的名称已被更改为"荷塘月色 1"，这样即可完成保存文档的操作，如图 1-17 所示。

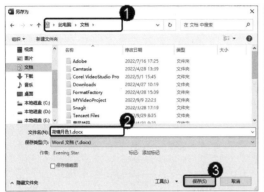

图 1-16

图 1-17

智慧锦囊

　　按 Ctrl+S 组合键，同样可以对文档进行保存。如果没有对更改后的文档进行保存就直接关闭，Word 2021 将弹出对话框提示用户是否保存。

1.2.3　打开已经保存的文档

　　用户可以将电脑中已经保存的文档打开进行查看和编辑。下面详细介绍打开已经保存的文档的操作方法。

第 1 步　启动 Word 2021，选择【文件】选项卡，如图 1-18 所示。

第 2 步　进入 Backstage 视图，**1.** 选择【打开】选项，**2.** 单击【浏览】按钮，如图 1-19 所示。

图 1-18

图 1-19

第 3 步 弹出【打开】对话框，**1.** 选择要打开文档的位置，**2.** 选择需要打开的文档，**3.** 单击【打开】按钮，如图 1-20 所示。

第 4 步 可以看到名为"语文课件"的文档已被打开，通过以上步骤即可完成打开已保存的文档的操作，如图 1-21 所示。

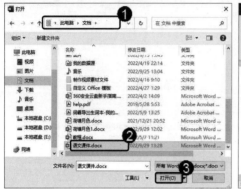

图 1-20

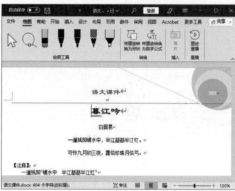

图 1-21

1.3　输入与编辑文本

在 Word 2021 中执行输入与编辑文本操作时，不同内容的文本的输入方法也有所不同。对于一些经常使用的文本，Word 2021 提供了一些快捷的输入方法。本节介绍输入与编辑文本的操作方法。

1.3.1　定位光标输入标题与正文

新建空白文档后，用户就可以在文档中输入内容了。下面详细介绍在文档中输入标题与正文的操作方法。

第 1 步 启动 Word 2021，新建空白文档，使用键盘输入标题，如图 1-22 所示。

第 2 步 按下空格键确认输入。按 Enter 键将光标定位在下一行，即可输入正文内容，如图 1-23 所示。

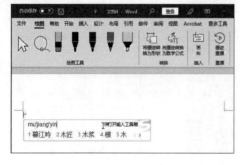

图 1-22

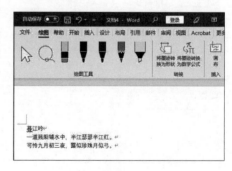

图 1-23

1.3.2　复制、剪切与粘贴文本

复制是指把文档中的一部分备份一份，然后放到其他位置，被复制的内容仍按原样保留在原位置。剪切是指把文档中的一部分内容移动到文档中的其他位置，而原有位置的文档不保留。下面详细介绍复制、剪切与粘贴文本的操作方法。

第1步　右击选中的文本，在弹出的快捷菜单中选择【复制】命令，如图 1-24 所示。

第2步　重新定位光标，在光标所在的位置右击，在弹出的快捷菜单中单击【粘贴选项】命令下的【保留源格式】按钮，如图 1-25 所示。

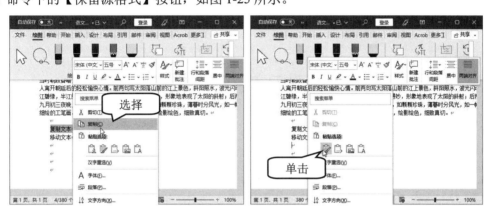

图 1-24　　　　　　　　　　　　　　　　图 1-25

第3步　可以看到文本内容已经复制到新位置，如图 1-26 所示。

第4步　右击选中的文本，在弹出的快捷菜单中选择【剪切】命令，如图 1-27 所示。

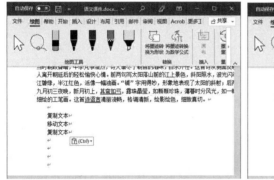

图 1-26　　　　　　　　　　　　　　　　图 1-27

第5步　重新定位光标，右击光标所在位置，在弹出的快捷菜单中单击【粘贴选项】命令下的【保留源格式】按钮，如图 1-28 所示。

第6步　可以看到文本内容已经移动到新位置，如图 1-29 所示。

图 1-28

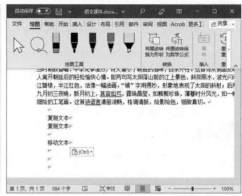

图 1-29

1.3.3　课堂范例——插入日期和时间以及特殊符号

　　在输入文本时，有时需要插入特殊符号，在文章的标题与正文输入完成后，常常需要在文章末尾插入日期与时间。本例详细介绍插入日期和时间以及特殊符号的方法。

◀◀ 扫码看视频(本节视频课程时间：48 秒)

素材保存路径：配套素材\第 1 章

素材文件名称：语文课件.docx

　　第1步　打开本例的素材文件"语文课件.docx"，**1.** 选择【插入】选项卡，**2.** 在【文本】选项组中单击【日期和时间】按钮，如图 1-30 所示。

　　第2步　弹出【日期和时间】对话框，**1.** 在【可用格式】列表框中选择一种格式，**2.** 单击【确定】按钮，如图 1-31 所示。

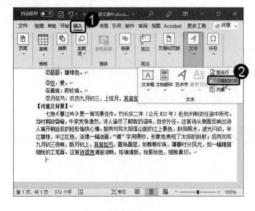

图 1-30

图 1-31

第3步　返回到文档中，可以看到已经添加了当前日期，如图 1-32 所示。

第4步　使用同样的方法为文档插入当前时间，如图 1-33 所示。

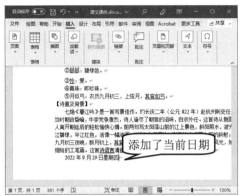

图 1-32

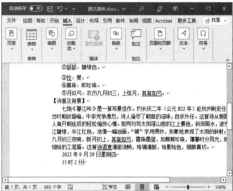

图 1-33

第5步　定位光标，**1.** 选择【插入】选项卡，**2.** 在【符号】选项组中单击【符号】按钮，**3.** 在弹出的下拉面板中选择【其他符号】选项，如图 1-34 所示。

第6步　弹出【符号】对话框，**1.** 在列表框中选择一种特殊符号，**2.** 单击【插入】按钮，**3.** 单击【关闭】按钮，如图 1-35 所示。

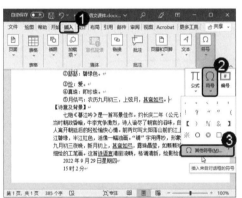

图 1-34

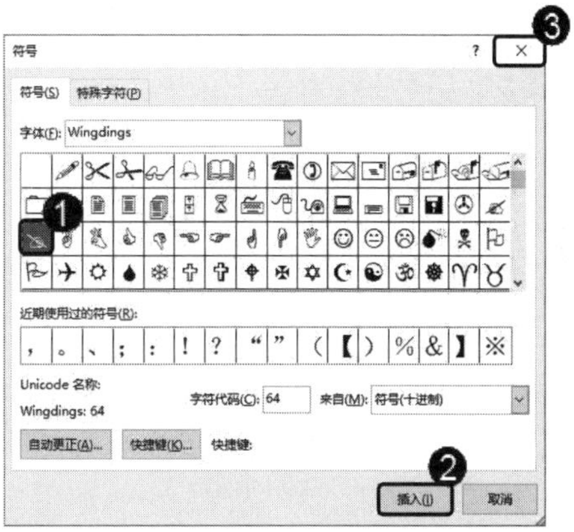

图 1-35

第7步　返回到文档中，可看到已经插入了一个特殊符号，如图 1-36 所示。

图 1-36

1.3.4 课堂范例——查找和替换文本

如果需要在一个内容较多的文档中快速地查看某项内容，可输入内容中包含的一个词组或一句话，进行快速查找。在文档中发现错误后，如果要修改多处相同内容，可以使用替换功能。本例详细介绍查找和替换文本的操作方法。

◀◀ 扫码看视频(本节视频课程时间：53 秒)

素材保存路径：配套素材\第 1 章
素材文件名称：荷塘月色.docx

第 1 步 打开本例的素材文件"荷塘月色.docx"，将光标定位在文本的任意位置，**1.**选择【开始】选项卡，**2.** 在【编辑】选项组中单击【查找】按钮，如图 1-37 所示。

第 2 步 弹出【导航】面板，在文本框中输入准备查找的文本内容，如输入"荷塘"，按 Enter 键，如图 1-38 所示。

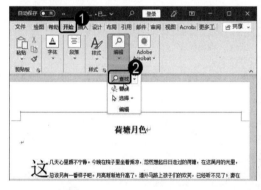
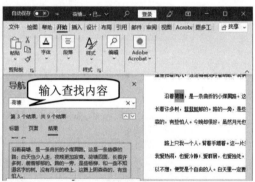

图 1-37   图 1-38

第 3 步 在文档中会显示该文本所在的页面和位置，并且该文本以黄色标出，如图 1-39 所示。

第 4 步 **1.** 选择【开始】选项卡，**2.** 在【编辑】选项组中单击【替换】按钮，如图 1-40 所示。

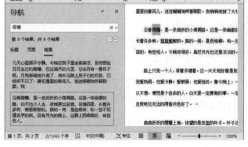
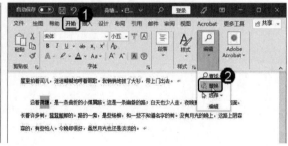

图 1-39   图 1-40

第5步 弹出【查找和替换】对话框，*1.* 在【替换】选项卡的【查找内容】和【替换为】下拉列表框中分别输入内容，*2.* 单击【全部替换】按钮，如图 1-41 所示。

第6步 弹出 Microsoft Word 对话框，单击【是】按钮，如图 1-42 所示。

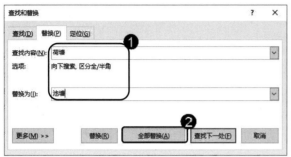

图 1-41

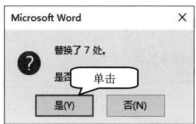

图 1-42

第7步 再次弹出 Microsoft Word 对话框，单击【确定】按钮，如图 1-43 所示。

第8步 返回到文档中，可以看到已经将文章中的"荷塘"替换为"池塘"，如图 1-44 所示。

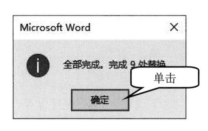

图 1-43

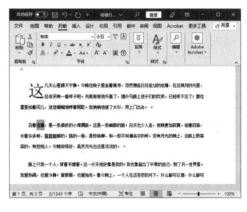

图 1-44

知识精讲

Word 2021 中的查找和替换功能非常强大，除了正文介绍的方法外，用户还可以使用通配符进行模糊查找，如使用"*"通配符可查找字符串，使用"?"通配符可查找任意单个字符。

1.4　实践案例与上机指导

通过本章的学习，读者基本可以掌握 Word 2021 的基本知识和一些常见的操作方法，包括认识 Word 2021 的工作界面、设置文档视图方式、新建与保存文档、输入与编辑文本，以及查找和替换文本等。下面通过练习操作，达到巩固学习、拓展提高的目的。

1.4.1 设置文档自动保存的时间间隔

设置文档自动保存的时间间隔的方法很简单,用户可以根据自身需要进行设置。本例详细介绍设置文档自动保存的时间间隔的方法。

◂◂ 扫码看视频(本节视频课程时间:25 秒)

第 1 步 启动 Word 2021,打开一个文档,选择【文件】选项卡,如图 1-45 所示。

第 2 步 进入 Backstage 视图,选择【选项】选项,如图 1-46 所示。

图 1-45　　　　　　　　　　　　图 1-46

第 3 步 弹出【Word 选项】对话框,*1.* 选择【保存】选项卡,*2.* 在【保存自动恢复信息时间间隔】数值微调框中输入数值,*3.* 单击【确定】按钮,即可完成设置文档自动保存时间间隔的操作,如图 1-47 所示。

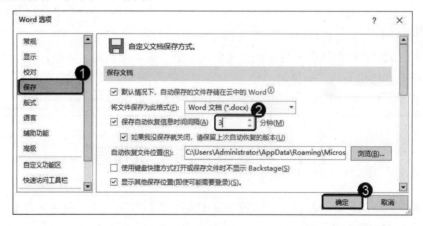

图 1-47

1.4.2　设置默认的文档保存路径

　　一般情况下，输入文档后都会进行保存。Word 文档其实是有默认保存路径的，用户可以根据自身需要设置文档的保存路径。本例详细介绍设置默认文档保存路径的方法。

◄◄ 扫码看视频(本节视频课程时间：37 秒)

第 1 步　启动 Word 2021，打开一个文档，选择【文件】选项卡，进入 Backstage 视图，选择【选项】选项，如图 1-48 所示。

第 2 步　弹出【Word 选项】对话框，**1.** 选择【保存】选项卡，**2.** 在【保存文档】选项组中找到【默认本地文件位置】选项，单击其右侧的【浏览】按钮，如图 1-49 所示。

图 1-48

图 1-49

第 3 步　弹出【修改位置】对话框，**1.** 选择准备更换的存储位置，**2.** 单击【确定】按钮，如图 1-50 所示。

第 4 步　返回到【Word 选项】对话框，可以看到【默认本地文件位置】已被更改，这样即可完成设置默认的文档保存路径，如图 1-51 所示。

图 1-50

图 1-51

1.4.3 设置纸张大小和方向

由于纸张大小不一，打印时用户需要按照 Word 文档内容的多少或打印机的型号来设置纸张的大小。此外，纸张方向又分为横向和纵向两种，系统默认的纸张方向通常为纵向。本例详细介绍设置纸张大小和方向的操作方法。

◀◀ 扫码看视频(本节视频课程时间：36秒)

素材保存路径：配套素材\第 1 章
素材文件名称：荷塘月色.docx

【第 1 步】 打开本例的素材文件"荷塘月色.docx"，*1.* 选择【布局】选项卡，*2.* 在【页面设置】选项组中单击【纸张大小】下拉按钮，*3.* 在弹出的下拉列表中选择【信纸】选项，如图 1-52 所示。

【第 2 步】 可以看到纸张的大小已经改变，如图 1-53 所示。

图 1-52　　　　　　　　　　　　　　　　　图 1-53

【第 3 步】 *1.* 选择【布局】选项卡，*2.* 在【页面设置】选项组中单击【纸张方向】下拉按钮，*3.* 在弹出的下拉列表中选择【横向】选项，如图 1-54 所示。

【第 4 步】 可以看到纸张的方向已经改变，如图 1-55 所示。

图 1-54　　　　　　　　　　　　　　　　　图 1-55

1.5　思考与练习

一、填空题

1. _____是指 Word 文档的页面显示方式。在 Word 2021 中提供了多种视图方式供用户选择，如页面视图、阅读视图、Web 版式视图、大纲视图、草稿视图等。

2. Word 2021 是 Office 2021 的一个重要组成部分，是一款优秀的_____软件，主要用于日常办公和文字处理等操作。

3. _____是 Word 2021 的默认视图方式，用于显示文档所有内容在整个页面的分布状况和整个文档在每一页上的位置，并可对其进行编辑操作。

4. _____是显示文档在 Web 浏览器中的外观，在此视图中没有页码、章节等信息。

5. _____是 Word 2021 中的一种仅显示标题和正文的视图方式，是最节省计算机系统硬件资源的视图方式。

6. 如果需要在一个内容较多的文档中快速地查看某项内容，可输入内容中包含的一个词组或一句话，进行快速查找。在文档中发现错误后，如果要修改多处相同内容，可以使用_____功能。

二、判断题

1. Office 2021 是微软最新发布的办公软件套装，它包含 Word 2021、Excel 2021 和 PowerPoint 2021 三大常用组件，这三个组件分别应用于办公的不同方面，如文字处理、数据统计、幻灯片演示等。　　　　　　　　　　　　　　　　　　　　　　　（　　）

2. 页面视图方式一般应用于阅读和编辑长篇文档，文档编辑区将以最大空间显示两个页面的文档。　　　　　　　　　　　　　　　　　　　　　　　　　　　　（　　）

3. 大纲视图是用缩进文档标题的形式代表标题在文档结构中的级别，使用大纲视图处理主控文档，不用复制和粘贴就可以移动文档的整章内容。　　　　　　　　　　（　　）

4. 复制是指把文档中的一部分备份一份，然后放到其他位置，被复制的内容仍按原样保留在原位置。剪切则是指把文档中的一部分内容移动到文档中的其他位置,而原有位置的文档保留。　　　　　　　　　　　　　　　　　　　　　　　　　　　　　　　　(　)

5. 当用户需要制作一个办公文档的时候,往往都是从创建空白文档开始的。如果需要创建新的文档,用户可以使用【文件】选项卡进行创建。　　　　　　　　　　　　　　(　)

6. 由于纸张大小不一,打印时用户需要按照 Word 文档内容的多少或打印机的型号来设置纸张的大小。此外,纸张方向又分为横向和纵向两种,系统默认的纸张方向通常为纵向。

(　)

三、思考题

1. 如何查找和替换文本?

2. 如何设置默认的文档保存路径?

新起点
电脑教程

第2章

编排 Word 文档格式

本章要点

- 📖 设置文本格式
- 📖 编排段落格式
- 📖 特殊版式设计
- 📖 添加边框和底纹

本章主要内容

本章主要介绍设置文本格式、编排段落格式、特殊版式设计方面的知识与技巧，同时讲解如何添加边框和底纹。在本章的最后还针对实际的工作需求，讲解添加项目符号或编号、分栏排版的方法。通过本章的学习，读者可以掌握编排 Word 文档格式方面的知识，为深入学习 Office 2021 知识奠定基础。

2.1 设置文本格式

在 Word 2021 中输入文本后,可以对文本格式进行设置,从而使文档更加美观。设置文本格式包括对文本的字体、字号、颜色、倾斜和加粗等进行设置。本节详细介绍设置 Word 文本格式的操作方法。

2.1.1 设置文本的字体和字号

在 Word 2021 中输入文本后,可以对文本的字体进行设置,并且还可以设置字号,使整个文档更加工整。下面详细介绍设置文本字体、字号的操作方法。

第 1 步 选中准备设置字体的文本,**1.** 在【开始】选项卡的【字体】选项组中单击【字体】下拉按钮,**2.** 在弹出的下拉列表中选择一种字体,这里选择【楷体】,如图 2-1 所示。这样即可完成设置文本字体的操作。

第 2 步 可以看到文本字体已经改变,如图 2-2 所示。

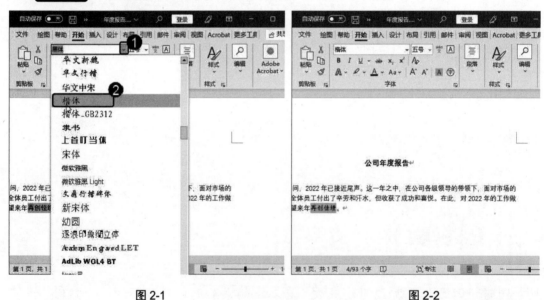

图 2-1   图 2-2

第 3 步 选中准备设置字号的文本,**1.** 在【开始】选项卡的【字体】选项组中单击【字号】下拉按钮,**2.** 在弹出的下拉列表中选择一种字号,这里选择【二号】,如图 2-3 所示。

第 4 步 可以看到文本字号已经改变,如图 2-4 所示。

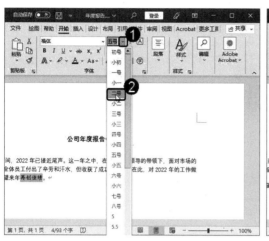

图 2-3

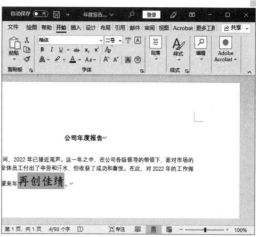

图 2-4

2.1.2　设置文本颜色和字形

为了使文本更加美观、清晰，或者达到突出文本内容的目的，用户可以为文本设置颜色。除了可以设置文本的大小、颜色之外，用户还可以设置文本的字形。下面详细介绍设置文本颜色和字形的操作方法。

第 1 步 选中准备设置颜色的文本，**1.** 在【开始】选项卡的【字体】选项组中单击【字体颜色】下拉按钮，**2.** 在弹出的颜色库中选择一种颜色，如图 2-5 所示。

第 2 步 可以看到文本颜色已经改变，如图 2-6 所示。

图 2-5

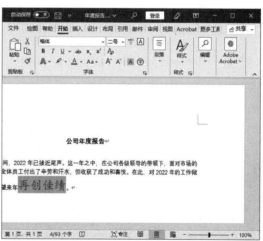

图 2-6

第 3 步 选中准备设置字形的文本，在【开始】选项卡的【字体】选项组中分别单击【加粗】和【倾斜】按钮，如图 2-7 所示。

第 4 步 可以看到文本字形已经改变，如图 2-8 所示。

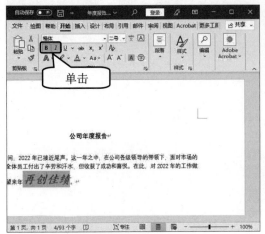
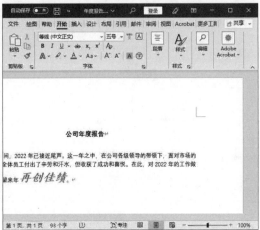

图 2-7   图 2-8

知识精讲

　　虽然 Windows 系统自带了大量字体，但在实际工作中用户常常会需要使用其他字体进行 Word 文档的编辑和美化，此时可以将从网上下载的免费授权字体或从正规渠道购买的字体文件复制到 C: \Windows\Fonts 文件夹中，然后重新启动 Word 软件，即可在【字体】下拉列表中找到并应用新字体。

2.2　编排段落格式

　　为了便于区分每个独立的段落，在段落的结束处都会显示一个段落标记符号。该符号保留着有关该段落的所有格式设置。编排段落格式可以使文档更加简洁、规整。本节主要从设置段落对齐方式、设置段落间距和行间距，以及设置段落缩进方式等方面来进一步讲解编排段落格式的方法。

2.2.1　设置段落对齐方式

　　在 Word 2021 文档中，段落的对齐方式分为 5 种，分别为左对齐、居中、右对齐、两端对齐和分散对齐，用户可以自定义设置段落的对齐方式。下面以设置段落居中对齐为例，详细介绍设置段落对齐方式的操作方法。

　　第 1 步　选中文本，在【开始】选项卡的【段落】选项组中单击【居中】按钮，如图 2-9 所示。

　　第 2 步　可以看到选中的文本已经居中显示，如图 2-10 所示。

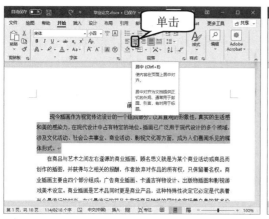
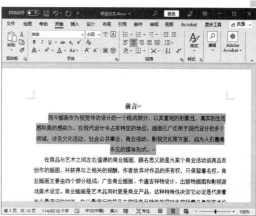

图 2-9　　　　　　　　　　　　　　　图 2-10

2.2.2　设置段落间距和行间距

　　段落间距是指文档中段落与段落之间的距离。行间距是指文档中行与行之间的距离。行间距的形式包括单倍行距、1.5 倍行距、2 倍行距、最小值行距等。下面详细介绍设置段落间距与行间距的操作方法。

　　第 1 步　选中文本，在【开始】选项卡的【段落】选项组中单击【启动器】按钮，如图 2-11 所示。

　　第 2 步　弹出【段落】对话框，*1.* 在【缩进和间距】选项卡的【段前】、【段后】数值微调框中输入数值，*2.* 在【行距】下拉列表框中选择【2 倍行距】选项，*3.* 单击【确定】按钮，如图 2-12 所示。

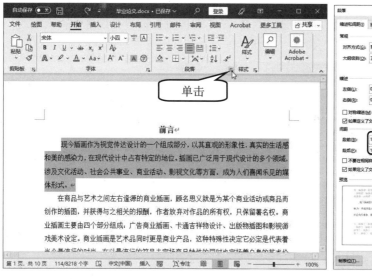

图 2-11　　　　　　　　　　　　　　　图 2-12

　　第 3 步　通过以上步骤即完成在 Word 2021 文档中设置段落间距和行间距的操作，效果如图 2-13 所示。

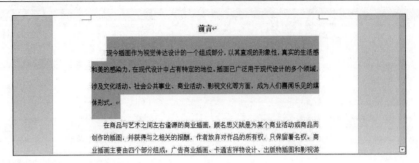

图 2-13

2.2.3 课堂范例——设置段落缩进方式

　　段落缩进是指段落相对左、右页边距向页内缩进一段距离。设置段落缩进可以将一个段落与其他段落分开，使文章的条理更加清晰，层次更加分明。本例详细介绍设置段落缩进的方法。

◀◀ 扫码看视频(本节视频课程时间：30 秒)

素材保存路径：配套素材\第 2 章
素材文件名称：毕业论文.docx

　　第 1 步 打开本例的素材文件"毕业论文.docx"，选中文本，在【开始】选项卡的【段落】选项组中单击【启动器】按钮，如图 2-14 所示。

　　第 2 步 弹出【段落】对话框，**1.** 在【缩进和间距】选项卡的【缩进】区域中单击【特殊】下方的下拉按钮，选择【首行】选项，**2.** 在【缩进值】数值微调框中输入数值，**3.** 单击【确定】按钮，如图 2-15 所示。

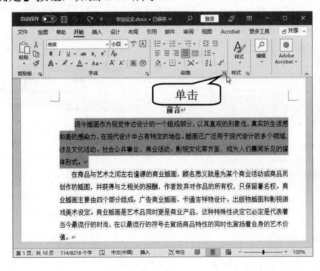

图 2-14

图 2-15

第 3 步 可以看到选中段落已经首行缩进 4 个字符，如图 2-16 所示。

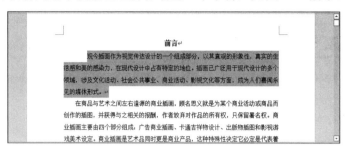

图 2-16

2.3　特殊版式设计

在对文档进行排版时，为了制作具有特殊效果的文档，有时需要对文档进行特殊的版式设计，如首字下沉、文字竖排、使用拼音指南等，这些操作技巧在编辑 Word 2021 文档时经常被应用。本节将详细介绍特殊版式设计的相关知识及操作方法。

2.3.1　首字下沉

首字下沉即设置段落的第一行第一个字字号变大，并且向下移动一定的距离，与后面的段落对齐，段落的其他部分保持原样，非常醒目。Word 2021 也提供了首字下沉的功能，下面详细介绍其操作方法。

第 1 步 选中一段文本，*1.* 在【插入】选项卡的【文本】选项组中单击【首字下沉】下拉按钮，*2.* 在弹出的下拉列表中选择【下沉】选项，如图 2-17 所示。

第 2 步 可以看到选中的段落首字已下沉显示，如图 2-18 所示。这样即可完成设置首字下沉的操作。

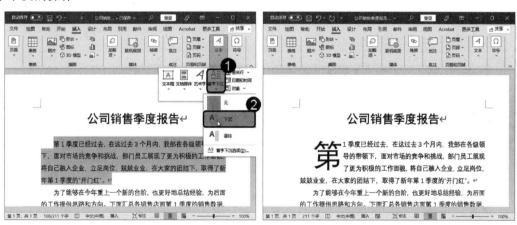

图 2-17　　　　　　　　　　　　　　图 2-18

2.3.2　文字竖排

用户还可以根据需要更改文字的方向。下面详细介绍更改文字方向的方法。

第1步　**1.** 选择【布局】选项卡，**2.** 在【页面设置】选项组中单击【文字方向】下拉按钮，**3.** 在弹出的下拉列表中选择【垂直】选项，如图 2-19 所示。

第2步　可以看到文档中的文字已按照竖排方式显示，如图 2-20 所示。

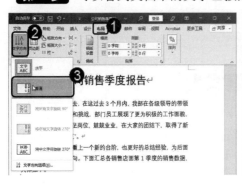

图 2-19

图 2-20

2.3.3　使用拼音指南

拼音指南是 Microsoft Word 软件提供的一个智能命令，可以通过拼音指南功能将选中文字的拼音字符明确显示。下面详细介绍使用拼音指南的方法。

第1步　选中准备添加拼音的文本，在【开始】选项卡的【字体】选项组中单击【拼音指南】按钮，如图 2-21 所示。

第2步　弹出【拼音指南】对话框，**1.** 在【拼音文字】文本框中输入拼音，**2.** 在【字号】文本框中输入数值，**3.** 单击【确定】按钮，如图 2-22 所示。

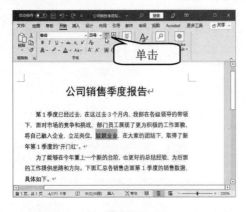

图 2-21

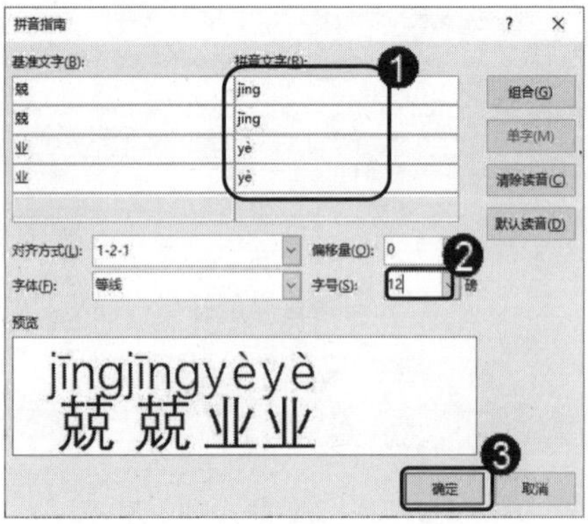

图 2-22

第3步　通过以上步骤即可完成给文字添加拼音的操作，效果如图 2-23 所示。

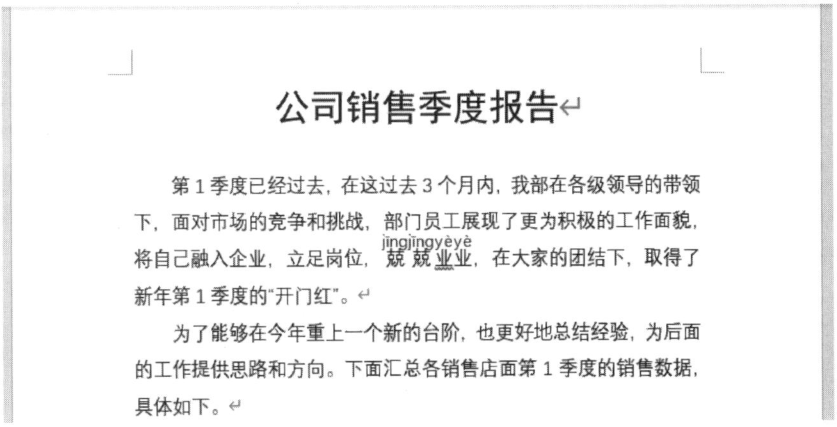

公司销售季度报告
第 1 季度已经过去，在这过去 3 个月内，我部在各级领导的带领下，面对市场的竞争和挑战，部门员工展现了更为积极的工作面貌，将自己融入企业，立足岗位，jìngjìngyèyè 兢兢业业，在大家的团结下，取得了新年第 1 季度的"开门红"。
为了能够在今年重上一个新的台阶，也更好地总结经验，为后面的工作提供思路和方向。下面汇总各销售店面第 1 季度的销售数据，具体如下。

图 2-23

2.3.4　双行合一

在 Word 2021 文档中，可以设置一些特殊的排版效果，例如，为了需要可以将文档双行合一。下面详细介绍设置文档双行合一的操作方法。

第 1 步 选中一段文本，***1.*** 在【开始】选项卡的【段落】选项组中单击【中文版式】下拉按钮，***2.*** 在弹出的下拉列表中选择【双行合一】选项，如图 2-24 所示。

第 2 步 弹出【双行合一】对话框，***1.*** 选中【带括号】复选框，并设置括号样式，***2.***单击【确定】按钮，如图 2-25 所示。

公司销售季度报告.docx
文件
开始
插入
1
2
纵横混排(T)...
合并字符(M)...
双行合一(W)...
调整宽度(I)...
字符缩放(C)
公司销售季
第 1 季度已经过去，在这过去 3 个月内，我部在各级领导的带领下，面对市场的竞争和挑战，部门员工展现了更为积极的工作面貌，将自己融入企业，立足岗位，兢兢业业，在大家的团结下，取得了新年第 1 季度的"开门红"。
为了能够在今年重上一个新的台阶，也更好地总结经验，为后面的工作提供思路和方向。下面汇总各销售店面第 1 季度的销售数据，具体如下。

图 2-24

双行合一
文字(T):
导的带领下，面对市场的竞争和挑战，部门员工展现了更为积极的工作面貌，将自己融入企业，立足岗位，兢兢业业，在大家的团结下，取得了新年第1季度的"开门红"
1
带括号(E):
括号样式(B): ()
预览
第 1 季度已经过去，在这过去
为积极的工作面貌，将自己融入
2
删除(R)
确定
取消

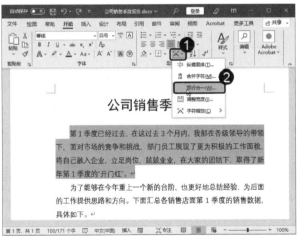

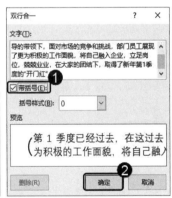

图 2-25

第 3 步 返回到文档中可以看到设置后的效果，如图 2-26 所示。

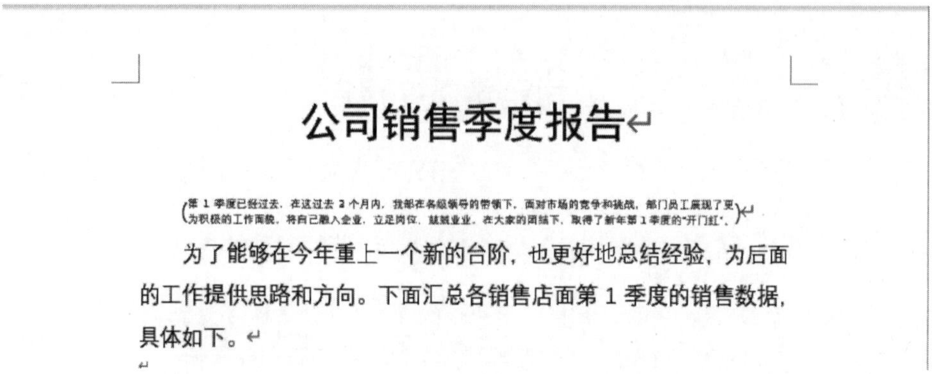

公司销售季度报告

第 1 季度已经过去，在这过去 3 个月内，我部在各级领导的带领下，面对市场的竞争和挑战，部门员工展现了更为积极的工作面貌，将自己融入企业、立足岗位，兢兢业业，在大家的团结下，取得了新年第 1 季度的"开门红"。

为了能够在今年重上一个新的台阶，也更好地总结经验，为后面的工作提供思路和方向。下面汇总各销售店面第 1 季度的销售数据，具体如下。

图 2-26

2.3.5 纵横混排

在 Word 2021 文档中，使用纵横混排功能可以在横排的段落中插入竖排的文本，从而制作出特殊的段落效果。下面详细介绍设置纵横混排的操作方法。

第 1 步 选中一段文本，*1.* 在【开始】选项卡的【段落】选项组中单击【中文版式】下拉按钮，*2.* 在弹出的下拉列表中选择【纵横混排】选项，如图 2-27 所示。

第 2 步 弹出【纵横混排】对话框，单击【确定】按钮，如图 2-28 所示。

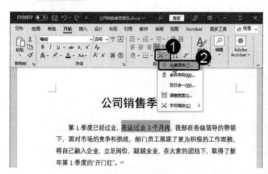

图 2-27

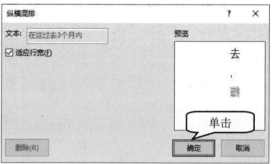

图 2-28

第 3 步 返回到文档中可以看到设置后的效果，如图 2-29 所示。

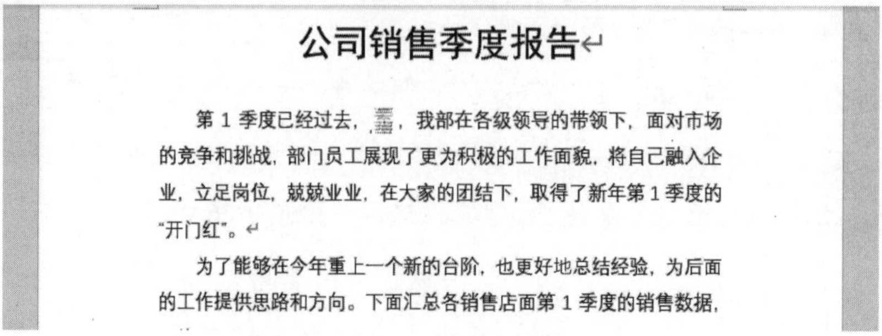

公司销售季度报告

第 1 季度已经过去，，我部在各级领导的带领下，面对市场的竞争和挑战，部门员工展现了更为积极的工作面貌，将自己融入企业、立足岗位，兢兢业业，在大家的团结下，取得了新年第 1 季度的"开门红"。

为了能够在今年重上一个新的台阶，也更好地总结经验，为后面的工作提供思路和方向。下面汇总各销售店面第 1 季度的销售数据，

图 2-29

2.4　添加边框和底纹

设置字符边框是指为文本四周添加线型边框，设置字符底纹是指为文本添加背景颜色。本节将详细介绍为文本添加边框和底纹的相关知识。

2.4.1　设置页面边框

为了增加 Word 2021 文档的美观性，用户可以对文档添加一些外观效果，如添加页面边框就是一个很好的方法。下面详细介绍设置页面边框的操作方法。

第1步　打开一个 Word 文档，*1.* 选择【设计】选项卡，*2.* 单击【页面背景】选项组中的【页面边框】按钮，如图 2-30 所示。

第2步　弹出【边框和底纹】对话框，*1.* 在【页面边框】选项卡的【设置】区域选择【三维】选项，*2.* 选择一种样式、颜色和宽度，*3.* 单击【确定】按钮，如图 2-31 所示。

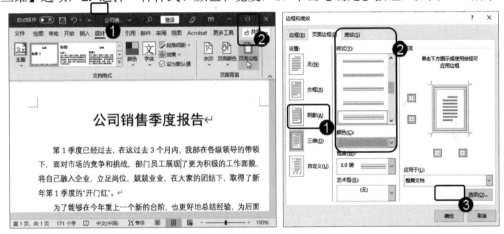

图 2-30　　　　　　　　　　　　　　　　图 2-31

第3步　返回到文档中，可以看到设置页面边框后的效果，如图 2-32 所示。

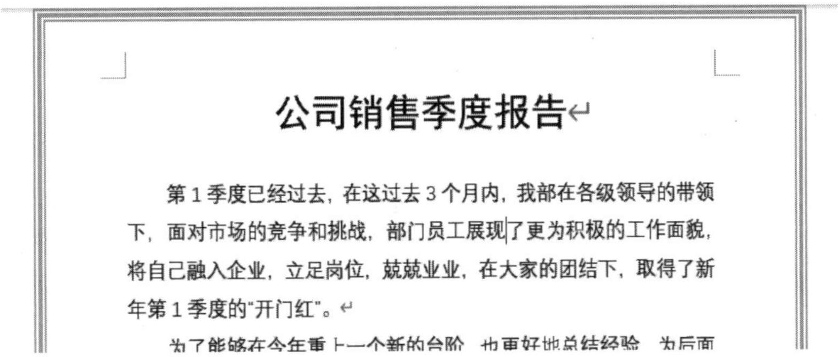

图 2-32

2.4.2 设置页面底纹

在 Word 2021 中，设置页面底纹是指选中文本的字符或段落背景后，可以自定义页面底纹的颜色。下面详细介绍设置页面底纹的操作方法。

第1步 选中准备设置页面底纹的文本，**1.** 选择【设计】选项卡，**2.** 在【页面背景】选项组中单击【页面边框】按钮，如图 2-33 所示。

第2步 弹出【边框和底纹】对话框，**1.** 选择【底纹】选项卡，**2.** 在【填充】下拉列表框中选择底纹颜色，**3.** 单击【确定】按钮，如图 2-34 所示。

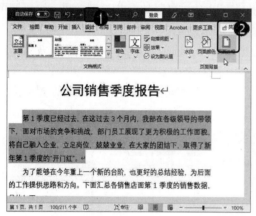

图 2-33

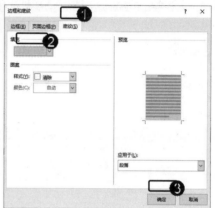

图 2-34

第3步 通过以上步骤即可完成设置页面底纹的操作，如图 2-35 所示。

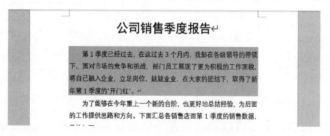

图 2-35

2.4.3 课堂范例——设置水印效果和页面颜色

水印效果是指在页面的背景上添加一种颜色略浅的文字或图片，这样会使文档变得独一无二，防止他人盗用。另外，用户还可以设置页面的颜色。本例介绍设置水印效果和页面颜色的操作方法。

◀◀ 扫码看视频(本节视频课程时间：49 秒)

素材保存路径：配套素材\第 2 章
素材文件名称：公司销售季度报告.docx

第 1 步 打开本例的素材文件"公司销售季度报告.docx"，*1.* 选择【设计】选项卡，*2.* 在【页面背景】选项组中单击【水印】下拉按钮，*3.* 在弹出的下拉列表中选择【自定义水印】选项，如图 2-36 所示。

第 2 步 弹出【水印】对话框，*1.* 选中【文字水印】单选按钮，*2.* 在【文字】文本框中输入水印内容，*3.* 给水印选择一种颜色，并取消选中【半透明】复选框，*4.* 单击【确定】按钮，如图 2-37 所示。

图 2-36　　　　　　　　　　　　　　　图 2-37

第 3 步 返回到文档中可以看到设置后的效果，如图 2-38 所示。

第 4 步 *1.* 选择【设计】选项卡，*2.* 在【页面背景】选项组中单击【页面颜色】下拉按钮，*3.* 在弹出的颜色库中选择准备使用的颜色，如图 2-39 所示。

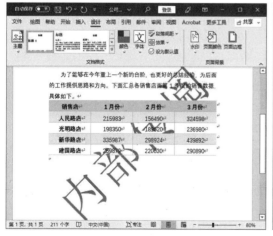

图 2-38　　　　　　　　　　　　　　　图 2-39

第5步 可以看到文档的页面颜色已经改变，最终效果如图 2-40 所示。

为了能够在今年重上一个新的台阶，也更好地总结经验，为后面的工作提供思路和方向。下面汇总各销售店面第 1 季度的销售数据，具体如下。

销售店	1月份	2月份	3月份
人民路店	215983	156490	324598
光明路店	198350	189520	236980
新华路店	335987	298924	439892
建国路店	259879	220030	290890

图 2-40

2.5 实践案例与上机指导

通过本章的学习，读者基本可以掌握编排 Word 文档格式的基本知识以及一些常见的操作方法。下面通过练习操作，达到巩固学习、拓展提高的目的。

2.5.1 添加项目符号或编号

项目符号可以用于标记段落。在为段落添加项目符号时，既可以选择预设的项目符号，也可以自定义项目符号。当文档中存在罗列性的段落内容时，可以为段落添加编号，以增强段落之间的逻辑性。本例详细介绍添加项目符号和编号的操作方法。

◀◀ 扫码看视频(本节视频课程时间：39 秒)

素材保存路径：配套素材\第 2 章
素材文件名称：公告.docx

第1步 打开本例的素材文件"公告.docx"，将光标定位在某段段首，**1.** 选择【开始】选项卡，**2.** 在【段落】选项组中单击【项目符号】下拉按钮，**3.** 在弹出的项目符号库中选择一个符号样式，如图 2-41 所示。

第2步 可以看到段首已经添加了项目符号，效果如图 2-42 所示。

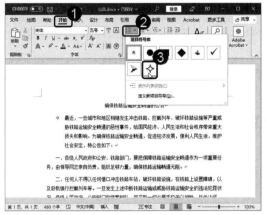
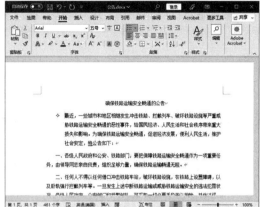

图 2-41　　　　　　　　　　　　　　　图 2-42

第 3 步　选中准备添加编号的文本，**1.** 选择【开始】选项卡，**2.** 在【段落】选项组中单击【编号】下拉按钮，**3.** 在弹出的编号库中选择一个编号样式，如图 2-43 所示。

第 4 步　可以看到段首已经添加了编号，效果如图 2-44 所示。

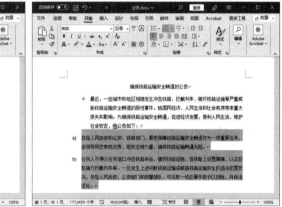

图 2-43　　　　　　　　　　　　　　　图 2-44

2.5.2　分栏排版

　　将文本拆分为两列或多列，即为分栏排版。例如，杂志中一个页面的内容分两列或三列排列。设置文档分栏时，不仅可以选择分栏的栏数，还可以在栏与栏之间添加分隔线。本例详细介绍分栏排版的操作方法。

◄◄ 扫码看视频(本节视频课程时间：48 秒)

素材保存路径：配套素材\第 2 章
素材文件名称：公告.docx

第1步 打开本例的素材文件"公告.docx"，**1.** 选择【布局】选项卡，**2.** 单击【页面设置】选项组中的【栏】下拉按钮，**3.** 在弹出的下拉列表中选择【更多栏】选项，如图 2-45 所示。

第2步 弹出【栏】对话框，**1.** 选择【预设】选项组中的【两栏】选项，**2.** 选中【分隔线】复选框，**3.** 单击【确定】按钮，如图 2-46 所示。

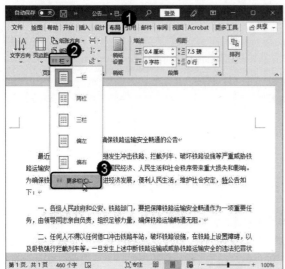

图 2-45

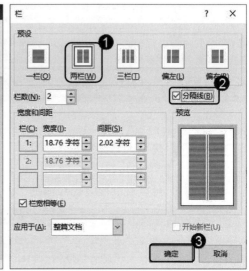

图 2-46

第3步 此时文档的内容以两栏的形式显示，并且在栏与栏的中间出现了一条分隔线。选择文档标题，**1.** 切换到【布局】选项卡，**2.** 单击【页面设置】选项组中的【栏】下拉按钮，**3.** 在弹出的下拉列表中选择【一栏】选项，如图 2-47 所示。

第4步 此时可以看到文档的标题位于页面的中间，即为通栏标题，这样即可完成分栏排版的操作，效果如图 2-48 所示。

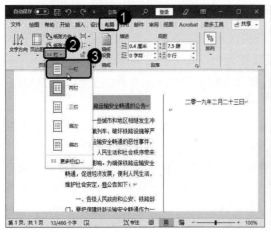

图 2-47

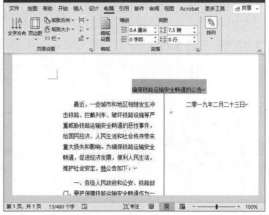

图 2-48

智慧锦囊

将光标定位在指定的位置，在【栏】对话框的【应用于】下拉列表框中选择【插入点之后】选项，即可对光标之后的内容进行分栏。

如果【栏】对话框中的【预设】分栏选项不能满足要求，用户还可以在【栏数】数值框中直接输入要设置的栏数来自定义分栏数，如图 2-49 所示。

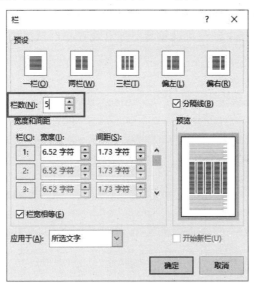

图 2-49

2.6　思考与练习

一、填空题

1. 为了便于区分每个独立的段落，在段落的结束处都会显示一个_____符号。该符号保留着有关该段落的所有格式设置。编排段落格式可以使文档更加简洁、规整。

2. 在 Word 2021 文档中，段落的对齐方式分为 5 种，分别为左对齐、_____、右对齐、两端对齐和_____。

3. _____是指文档中段落与段落之间的距离。

4. _____是指文档中行与行之间的距离。行间距的形式包括单倍行距、1.5 倍行距、2 倍行距、最小值行距等。

5. _____是指段落相对左、右页边距向页内缩进一段距离。

6. 在报纸、杂志上经常会看到_____的情况，也就是一段开头的第一个字格外大，非常醒目。

二、判断题

1. 为了使文本更加美观、清晰，或者达到突出文本内容的效果，用户可以为文本设置颜色。除了可以设置文本的大小、颜色之外，用户还可以设置文本的字形。 （　　）

2. 设置段落间距可以将一个段落与其他段落分开，使条理更加清晰，层次更加分明。

（　　）

3. 拼音指南是 Microsoft Word 软件提供的一个智能命令，可以通过拼音指南功能将选中文字的拼音字符明确显示。 （　　）

4. 在 Word 2021 文档中，使用混排功能可以在横排的段落中插入竖排的文本，从而制作出特殊的段落效果。 （　　）

5. 水印效果是指在页面的背景上添加一种颜色略浅的文字或图片，这样会使文档变得独一无二，防止他人盗用。另外，用户还可以设置页面的颜色。 （　　）

三、思考题

1. 如何设置首字下沉效果？
2. 如何设置文字竖排？

第 3 章

编排图文并茂的文章

新起点
电脑教程

本章要点

- 插入与设置图片
- 使用艺术字
- 使用文本框
- 绘制与编辑自选图形
- 插入与编辑 SmartArt 图形

本章主要内容

　　本章主要介绍插入与设置图片、使用艺术字、使用文本框、绘制与编辑自选图形方面的知识与技巧，同时讲解如何插入与编辑 SmartArt 图形。在本章的最后还针对实际的工作需求，讲解设置纸张的方向、大小和页边距，打印预览与打印文档，插入页眉、页脚并添加页码，给文档添加签名行的方法。通过本章的学习，读者可以掌握编排图文并茂的文章方面的知识，为深入学习 Office 2021 知识奠定基础。

3.1 插入与设置图片

Word 不但擅长处理普通文本内容，还擅长编辑带有图形对象的文档，即图文混排。使用 Word 2021 可以在文档中插入图片，而且用户还可以对插入的图片进行自定义设置，如调整图片大小、样式等。本节将详细介绍插入与设置图片的操作方法。

3.1.1 插入本地电脑中的图片

使用 Word 2021 编辑文档时，用户可以将本地电脑中的图片插入文档中。下面详细介绍插入本地电脑中的图片的操作方法。

第 1 步 打开 Word 文档，*1.* 选择【插入】选项卡，*2.* 单击【图片】下拉按钮，*3.* 在弹出的下拉列表中选择【此设备】选项，如图 3-1 所示。

第 2 步 弹出【插入图片】对话框，*1.* 选择准备插入图片的位置，*2.* 选择准备插入的图片，*3.* 单击【插入】按钮，如图 3-2 所示。

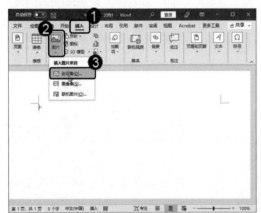

图 3-1

图 3-2

第 3 步 返回到 Word 文档，可以看到已经将所选择的图片插入文档中，如图 3-3 所示。这样即可完成在 Word 中插入本地电脑图片的操作。

图 3-3

3.1.2　调整图片的大小和位置

在文档中插入图片后，用户还可以根据自己的需要更改图片的大小和位置。下面详细介绍调整图片大小和位置的操作方法。

第 1 步　选中插入的图片，**1.** 切换到【图片格式】选项卡，**2.** 在【大小】选项组中的【形状高度】、【形状宽度】数字微调框中输入新的数值，如图 3-4 所示。

第 2 步　使用鼠标单击文档任意空白处，效果如图 3-5 所示。通过以上步骤即可完成调整图片大小的操作。

图 3-4　　　　　　　　　　　　　　图 3-5

第 3 步　**1.** 切换到【图片格式】选项卡，**2.** 在【排列】选项组中单击【位置】下拉按钮，**3.** 在弹出的下拉列表中选择【其他布局选项】选项，如图 3-6 所示。

第 4 步　弹出【布局】对话框，**1.** 选择【文字环绕】选项卡，**2.** 在【环绕方式】区域中选择【四周型】选项，**3.** 在【环绕文字】区域中选中【两边】单选按钮，**4.** 单击【确定】按钮，如图 3-7 所示。

图 3-6　　　　　　　　　　　　　　图 3-7

第 5 步 返回到文档中,可以看到图片的位置已发生改变,如图 3-8 所示。这样即可完成调整图片位置的操作。

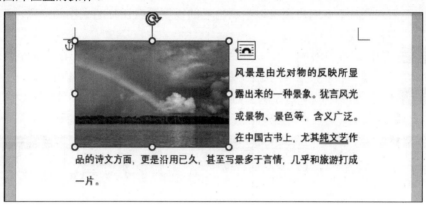

图 3-8

知识精讲

在调整图片时,除了可以调整图片的大小和位置外,还可以设置图片的颜色、样式、艺术效果,以及图片的边框等。用户可以在【图片工具】选项卡的功能组中找到所有调整图片的功能按钮。

3.1.3 课堂范例——裁剪图片形状

在 Word 2021 中,若对插入的图片形状不满意,用户可以将插入文档中的图片裁剪成不同形状。本例以将图片裁剪成椭圆形为例,来详细介绍裁剪图片形状的操作方法。

◀◀ 扫码看视频(本节视频课程时间: 24 秒)

素材保存路径: 配套素材\第 3 章
素材文件名称: 风景.docx

第 1 步 打开本例的素材文件"风景.docx",选中图片,*1.* 切换到【图片格式】选项卡,*2.* 在【大小】选项组中单击【裁剪】下拉按钮,*3.* 在弹出的下拉列表中选择【裁剪为形状】选项,*4.* 在形状库中选择【椭圆】选项,如图 3-9 所示。

第 2 步 可以看到选中的图片已被裁剪为椭圆形状,如图 3-10 所示。这样即可完成裁剪图片形状的操作。

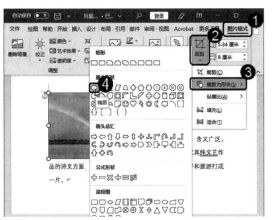

图 3-9

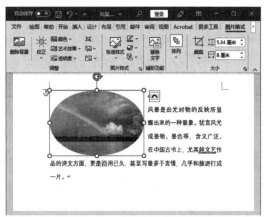

图 3-10

3.2　使用艺术字

艺术字是一种富于创意性、美观性和修饰性的特殊文本，一般应用于文档的标题或文档中需要修饰的内容部分。艺术字通常都是包含在一个文本框内的，用户可以对文本的外观效果进行更改，而且还可以自定义设置艺术字的字号、环绕方式、效果、样式等。本节将详细介绍艺术字的相关知识及操作方法。

3.2.1　插入艺术字

在 Word 2021 中，用户可以插入一些具有美感的艺术字，以起到装饰文档的效果。下面详细介绍插入艺术字的操作方法。

第 1 步　启动 Word 2021，**1.** 选择【插入】选项卡，**2.** 在【文本】选项组中单击【艺术字】下拉按钮，**3.** 在弹出的下拉列表中选择一种艺术字样式，如图 3-11 所示。

第 2 步　在弹出的【请在此放置您的文字】文本框中输入文字，如这里输入"金色童年"，如图 3-12 所示。

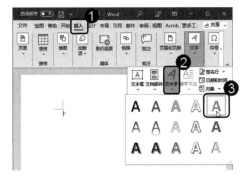

图 3-11

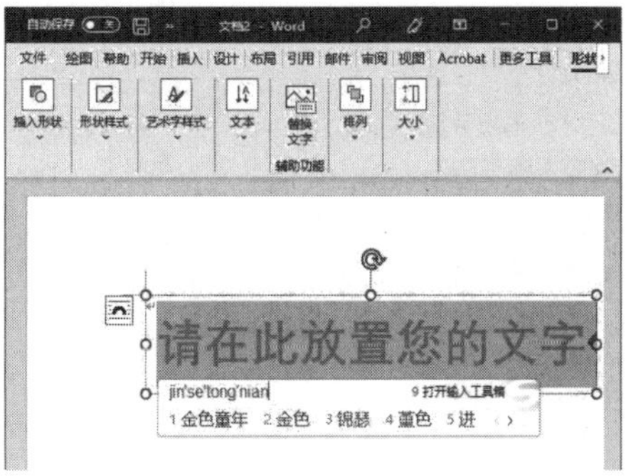

图 3-12

第 3 步　通过以上步骤即可插入艺术字，效果如图 3-13 所示。

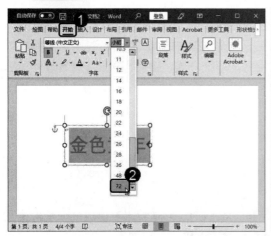

图 3-13

3.2.2 设置艺术字字号

在 Word 2021 文档中插入艺术字后，如果用户对艺术字的大小不满意可以对其进行修改。下面详细介绍修改艺术字字号的操作方法。

第 1 步 选中插入的艺术字，**1.** 选择【开始】选项卡，**2.** 在【字体】选项组中的【字号】下拉列表中选择字号，如图 3-14 所示。

第 2 步 通过以上步骤即可完成设置艺术字字号的操作，效果如图 3-15 所示。

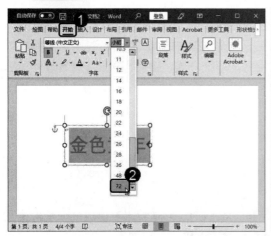
图 3-14

图 3-15

3.2.3 课堂范例——设置艺术字环绕方式

在 Word 2021 文档中同时存在文本文字、艺术字和图片等多种插图时，用户可以通过设置艺术字的环绕方式，使文本文字和艺术字等的表现方式更加美观，从而更加适合文本的需要。下面介绍设置艺术字环绕方式的操作方法。

◀◀ 扫码看视频(本节视频课程时间：31 秒)

素材保存路径：配套素材\第 3 章
素材文件名称：金色童年.docx

第1步　打开本例的素材文件"金色童年.docx"，选中艺术字，**1.** 选择【形状格式】选项卡，**2.** 在【排列】选项组中单击【位置】下拉按钮，**3.** 在弹出的下拉列表中选择【其他布局选项】选项，如图3-16所示。

第2步　当弹出【布局】对话框时，**1.** 选择【文字环绕】选项卡，**2.** 在【环绕方式】区域中选择【四周型】选项，**3.** 单击【确定】按钮，如图3-17所示。

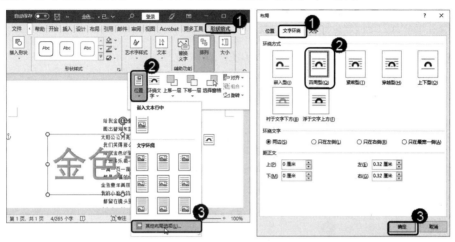

图 3-16　　　　　　　　　　　　　　图 3-17

第3步　返回到文档中可以看到设置后的艺术字环绕效果，如图3-18所示。这样即可完成设置艺术字环绕方式的操作。

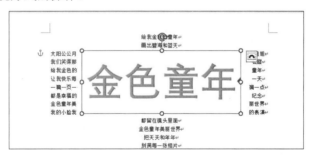

图 3-18

3.3　使用文本框

Word 中的文本框是一种可移动、可调节大小的文本或图形容器。使用文本框可以在一页上放置数个文本块，或使文本按与文档中其他文本不同的方向排列。通过使用文本框，用户可以将 Word 文本很方便地放置到文档页面的指定位置，而不必受到段落格式、页面设置等因素的影响。本节将详细介绍使用文本框的相关知识及操作方法。

3.3.1　插入文本框

在 Word 2021 中，用户可以在文档中插入文本框，将需要的文字或图片输入文本框中。

下面介绍插入文本框的操作方法。

第1步 启动 Word 2021，*1.* 选择【插入】选项卡，*2.* 在【文本】选项组中单击【文本框】下拉按钮，*3.* 在弹出的下拉列表中选择【绘制横排文本框】选项，如图 3-19 所示。

第2步 当光标变为"十"字形状时，单击并拖动鼠标绘制文本框，到合适的位置释放鼠标即可完成插入文本框的操作，如图 3-20 所示。

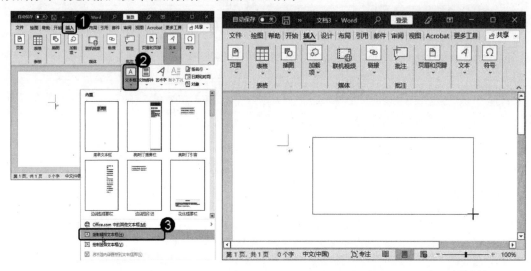

图 3-19　　　　　　　　　　　　　　　图 3-20

3.3.2　设置文本框大小

在 Word 2021 中插入文本框后，用户可以根据个人需要对文本框的大小进行更改。下面介绍设置文本框大小的操作方法。

第1步 选中文本框，*1.* 选择【形状格式】选项卡，*2.* 在【大小】选项组中的【高度】数值微调框中输入新的数值，如图 3-21 所示。

第2步 通过以上步骤即可完成设置文本框大小的操作，效果如图 3-22 所示。

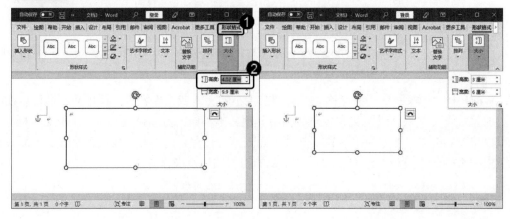

图 3-21　　　　　　　　　　　　　　　图 3-22

3.3.3　课堂范例——设置文本框样式

　　在 Word 2021 中，通过【形状格式】选项卡不仅可以设置艺术字样式，还可以对文本框的样式进行设置。本例详细介绍设置文本框样式的操作方法。

◀◀ 扫码看视频(本节视频课程时间：32 秒)

 素材保存路径：配套素材\第 3 章
素材文件名称：金色童年.docx

第 1 步 打开本例的素材文件"金色童年.docx"，**1.** 选择准备设置样式的文本框，**2.** 选择【形状格式】选项卡，**3.** 单击【形状样式】选项组中的【启动器】按钮，如图 3-23 所示。

第 2 步 弹出【设置形状格式】窗格，**1.** 在【形状选项】选项卡中单击【填充】下拉按钮，**2.** 在弹出的下拉列表中选中【纯色填充】单选按钮，**3.** 在【颜色】下拉列表框中选择准备添加的颜色，如图 3-24 所示。

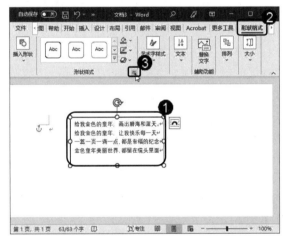

图 3-23

图 3-24

第 3 步 通过以上步骤即可完成设置文本框样式的操作，如图 3-25 所示。

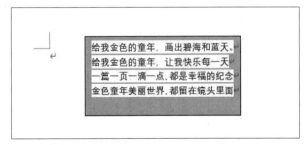

图 3-25

3.4 绘制与编辑自选图形

自选图形的种类很多,包括圆形、长方形、菱形等基础图形,还包括线条、标注图形、箭头图形等。在文档中插入图形后,还可在图形中输入和编辑文本,并对多个图形进行对齐等格式的设置。本节将介绍在文档中绘制与编辑自选图形的相关知识及操作方法。

3.4.1 绘制图形

在制作文档的时候,为了使文章更美观,可读性更强,可以根据用户的需要,在进行文档排版及美化的过程中,插入一些特殊的图形。下面详细介绍在文档中绘制图形的操作方法。

第1步 打开文档,*1.* 选择【插入】选项卡,*2.* 在【插图】选项组中单击【形状】下拉按钮,*3.* 在弹出的下拉列表中选择一种图形样式,如图 3-26 所示。

第2步 当光标变成"十"字形状时,在准备添加图形的位置单击并拖动鼠标左键至适当位置,松开鼠标左键即可完成绘制图形的操作,如图 3-27 所示。

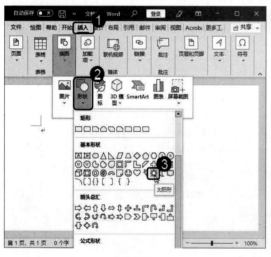

图 3-26

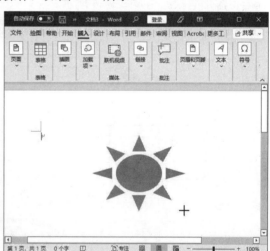

图 3-27

知识精讲

绘图画布可以将多个形状组合起来,若需要插入多个形状,并对它们统一进行设置,就可以创建一个画布。在【插图】选项组中单击【形状】下拉按钮,在展开的下拉列表中选择【新建画布】选项,即可在文档中插入一个画布。需要注意的是,不能直接在画布中输入文本,而要通过文本框来实现。

3.4.2　在图形中添加文字

在 Word 2021 文档中绘制完图形后，用户还可以在所绘制的图形中添加一些文字。下面具体介绍在图形中添加文字的操作方法。

第1步　右键单击插入的图形，在弹出的快捷菜单中选择【添加文字】命令，如图 3-28 所示。

第2步　图形中出现光标，输入文字，如图 3-29 所示。

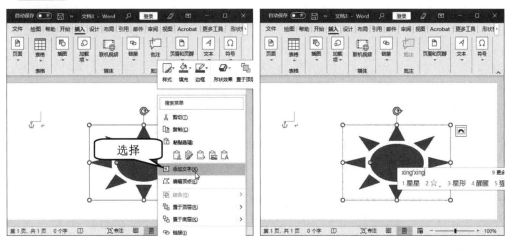

图 3-28　　　　　　　　　　　　　　　　图 3-29

第3步　通过以上步骤即可完成在图形中添加文字的操作，效果如图 3-30 所示。

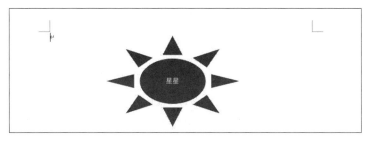

图 3-30

3.4.3　课堂范例——对齐多个图形

如果所绘制的图形较多，在文档中就会显得杂乱无章，此时用户可以将多个图形进行对齐显示，这样会使文档井然有序。本例详细介绍对齐多个图形的操作方法。

◀◀ 扫码看视频(本节视频课程时间：23 秒)

素材保存路径：配套素材\第 3 章

素材文件名称：自选图形.docx

第1步 打开本例的素材文件"自选图形.docx"，选中文档中的多个图形，*1.* 选择【形状格式】选项卡，*2.* 在【排列】选项组中单击【对齐】下拉按钮，*3.* 在弹出的下拉列表中选择一种对齐方式，如图 3-31 所示。

第2步 所选中的图形已经对齐，如图 3-32 所示。通过以上步骤即可完成对齐多个图形的操作。

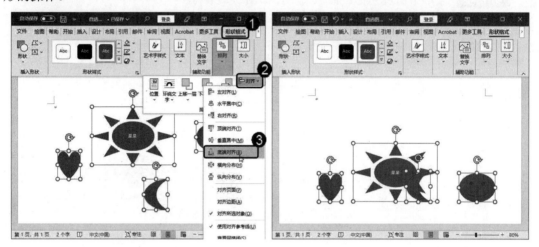

图 3-31   图 3-32

3.5　插入与编辑 SmartArt 图形

SmartArt 图形是一种文本和形状相结合的图形，它能以可视化的方式直观地表达出信息之间的关系。在日常工作中，SmartArt 图形主要用于制作流程图、组织结构图等。用户可以通过在多种不同布局中进行选择来创建 SmartArt 图形，从而快速、轻松、有效地传达信息。本节将详细介绍插入与编辑 SmartArt 图形的相关知识及操作方法。

3.5.1　插入 SmartArt 图形

将 SmartArt 图形插入文档时，它将与文档中的其他内容相匹配。下面介绍创建 SmartArt 图形的操作方法。

第1步 打开 Word 文档，*1.* 选择【插入】选项卡，*2.* 在【插图】选项组中单击 SmartArt 按钮，如图 3-33 所示。

第2步 弹出【选择 SmartArt 图形】对话框，*1.* 选择【全部】选项卡，*2.* 在【列表】区域中选择 SmartArt 图形样式，*3.* 单击【确定】按钮，如图 3-34 所示。

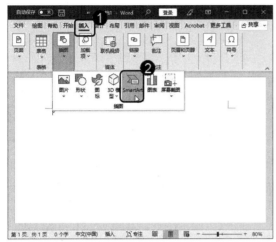

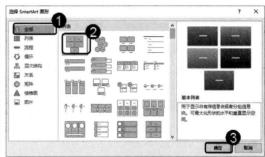

图 3-33　　　　　　　　　　　　　　　　　　图 3-34

第 3 步　返回到文档中，可以看到插入的 SmartArt 图形，如图 3-35 所示。这样即可完成插入 SmartArt 图形的操作。

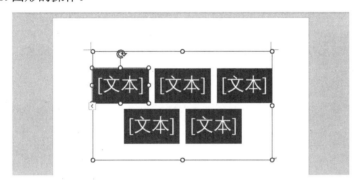

图 3-35

知识精讲

　　插入 SmartArt 图形后，用户可以随意更改其中任意一个形状的外形。选择要更改的形状，在【格式】选项卡中单击【更改形状】下拉按钮，在展开的形状库中选择其他形状，即可单独更改 SmartArt 图形中某个形状的外形。

3.5.2　更改图形的类型和布局

　　在 Word 2021 文档中插入 SmartArt 图形后，用户可以对 SmartArt 图形进行类型和布局的设置。下面介绍更改图形的类型和布局的操作方法。

　　第 1 步　选中插入的 SmartArt 图形，**1.** 选择【SmartArt 设计】选项卡，**2.** 在【SmartArt 样式】选项组中选择一种样式，如图 3-36 所示。

　　第 2 步　通过以上步骤即可完成更改 SmartArt 图形类型的操作，效果如图 3-37 所示。

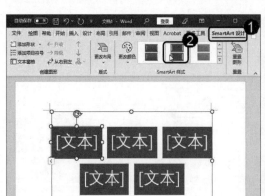

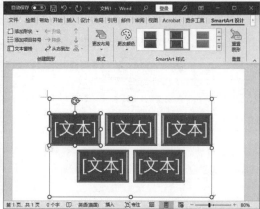

图 3-36　　　　　　　　　　　　　　　　图 3-37

第 3 步　选中插入的图形，**1.** 选择【SmartArt 设计】选项卡，**2.** 单击【更改布局】下拉按钮，**3.** 在弹出的下拉列表中选择一种布局样式，如图 3-38 所示。

第 4 步　最终效果如图 3-39 所示。通过以上步骤即可完成更改 SmartArt 图形布局的操作。

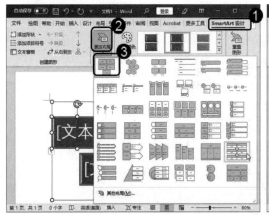

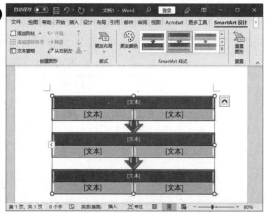

图 3-38　　　　　　　　　　　　　　　　图 3-39

3.5.3　课堂范例——制作公司组织结构图

　　Word 2021 提供了多种 SmartArt 图形，以方便用户根据需要进行选择。SmartArt 图形可以形象、直观地展示重要的文本信息，吸引用户的眼球。本例详细介绍使用 SmartArt 图形制作公司组织结构图的操作方法。

◀◀ 扫码看视频(本节视频课程时间：1 分 39 秒)

　素材保存路径：配套素材\第 3 章

　　素材文件名称：公司组织结构图.docx

第 1 步　打开本例的素材文件"公司组织结构图.docx"，*1.* 选择【插入】选项卡，*2.* 在【插图】选项组中单击 SmartArt 按钮，如图 3-40 所示。

第 2 步　弹出【选择 SmartArt 图形】对话框，*1.* 选择【层次结构】选项卡，*2.* 选择 SmartArt 的第一个图形样式，*3.* 单击【确定】按钮，如图 3-41 所示。

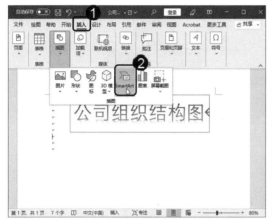

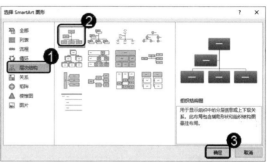

图 3-40　　　　　　　　　　　　　　　　　　图 3-41

第 3 步　最终效果如图 3-42 所示。这样即可完成组织结构图的插入。

第 4 步　在图形中分别输入职务名称和部门名称，效果如图 3-43 所示。

图 3-42　　　　　　　　　　　　　　　　　　图 3-43

第 5 步　*1.* 选择【董事长】形状，*2.* 单击【SmartArt 设计】选项卡【创建图形】选项组中的【添加形状】下拉按钮，*3.* 在弹出的下拉列表中选择【添加助理】选项，如图 3-44 所示。

第 6 步　在【董事长】图形下方会添加新的形状，并在新添加的形状中输入职务名称和部门名称，如图 3-45 所示。

第 7 步　*1.* 选择【董事长】形状，*2.* 单击【SmartArt 设计】选项卡【创建图形】选项组中的【添加形状】下拉按钮，*3.* 在弹出的下拉列表中选择【在下方添加形状】选项，如图 3-46 所示。

第 8 步　在所选形状的下方会添加新的形状，输入公司的部门名称，如图 3-47 所示。

图 3-44

图 3-45

图 3-46

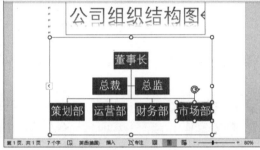

图 3-47

第 9 步 选择创建的组织结构图，**1.** 切换到【SmartArt 设计】选项卡，**2.** 单击【更改布局】下拉按钮，**3.** 在弹出的下拉列表中选择第三个布局样式，如图 3-48 所示。

第 10 步 更改组织结构图版式后的效果如图 3-49 所示。

图 3-48

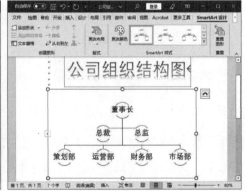

图 3-49

第 11 步 选择组织结构图，**1.** 切换到【SmartArt 设计】选项卡，**2.** 单击【更改颜色】下拉按钮，**3.** 在弹出的下拉列表中选择一种彩色样式，如图 3-50 所示。

第 12 步 选择组织结构图，**1.** 切换到【SmartArt 设计】选项卡，**2.** 在【SmartArt 样式】选项组中选择一种 SmartArt 样式，如图 3-51 所示。

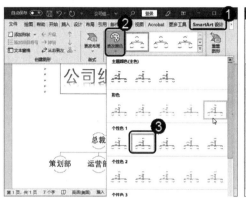

图 3-50

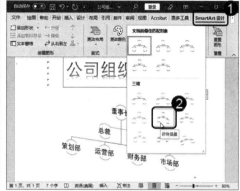

图 3-51

第 13 步 最终制作的公司组织结构图效果如图 3-52 所示。

图 3-52

3.6　实践案例与上机指导

通过本章的学习，读者基本可以掌握编排图文并茂的文章的操作方法。下面通过练习操作，达到巩固学习、拓展提高的目的。

3.6.1　打印预览与打印输出

打印预览是指在文档编辑完成后、准备打印之前，用户可以通过计算机显示器查看文档打印输出在纸张上的效果。打印预览后，用户可以通过【快速打印】功能直接打印文档。本例详细介绍打印预览与打印输出的操作方法。

◀◀ 扫码看视频(本节视频课程时间：39 秒)

素材保存路径：配套素材\第 3 章

素材文件名称：品牌营销策划书.docx

第 1 步 打开本例的素材文件"品牌营销策划书.docx"，选择【文件】选项卡，如图 3-53 所示。

第 2 步 进入 Backstage 视图，选择【打印】选项，在窗口右侧会显示打印效果，用户

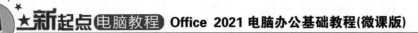

可以在该区域进行预览。如果觉得设置不满意，用户还可以在其中重新设置纸张的大小、方向和页边距等内容，如图 3-54 所示。

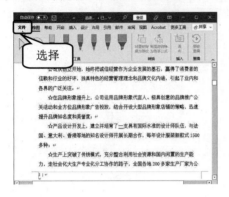

图 3-53

图 3-54

第3步 打开素材文件后，*1.* 单击【自定义快速访问工具栏】下拉按钮，*2.* 在弹出的下拉列表中选择【快速打印】选项，如图 3-55 所示。

第4步 在快速访问工具栏中已显示新添加的【快速打印】按钮，单击该按钮即可完成快速打印文档的操作，如图 3-56 所示。

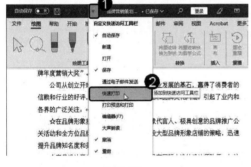

图 3-55

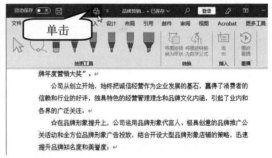

图 3-56

3.6.2 插入页眉、页脚并添加页码

页眉和页脚通常用于展示文档的附加信息，如日期、页码、单位名称等。页码是每一个页面上用于标明页面次序的数字。本例详细介绍插入页眉、页脚并添加页码的操作方法。

◀◀ 扫码看视频(本节视频课程时间：1 分 12 秒)

 素材保存路径：配套素材\第 3 章

素材文件名称：公司守则.docx

第1步 打开本例的素材文件"公司守则.docx"，*1.* 选择【插入】选项卡，*2.* 在【页眉和页脚】选项组中单击【页眉】下拉按钮，**3.** 在弹出的下拉列表中选择【边线型】选项，如图 3-57 所示。

第 2 步　此时在文档的每一页顶部都插入了页眉，并显示【文档标题】文本框，输入内容，如图 3-58 所示。

图 3-57　　　　　　　　　　　　　　　　　　图 3-58

第 3 步　完成输入后单击【关闭页眉和页脚】按钮，插入的页眉效果如图 3-59 所示。

第 4 步　**1.** 选择【插入】选项卡，**2.** 在【页眉和页脚】选项组中单击【页脚】下拉按钮，**3.** 在弹出的下拉列表中选择【奥斯汀】选项，如图 3-60 所示。

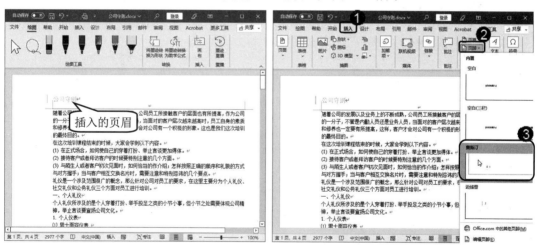

图 3-59　　　　　　　　　　　　　　　　　　图 3-60

第 5 步　文档自动跳转到页脚编辑状态，输入页脚内容，如输入当前日期，然后单击【关闭页眉和页脚】按钮，如图 3-61 所示。

第 6 步　这样即可完成插入页眉和页脚的操作，效果如图 3-62 所示。

第 7 步　打开文档后，**1.** 选择【插入】选项卡，**2.** 在【页眉和页脚】选项组中单击【页码】下拉按钮，**3.** 在弹出的下拉列表中选择【页面底端】选项，**4.** 在弹出的子列表中选择【普通数字 1】选项，如图 3-63 所示。

第8步 可以看到文档的页脚部分已经插入了阿拉伯数字1，单击【关闭页眉和页脚】按钮即可完成添加页码的操作，如图 3-64 所示。

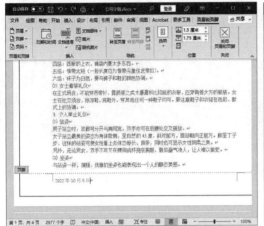

图 3-61

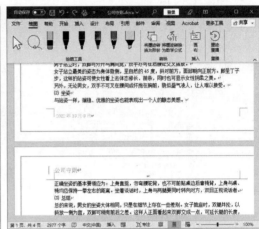

图 3-62

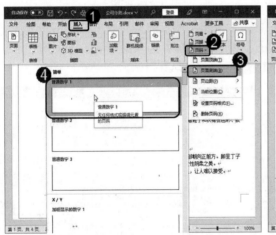

图 3-63

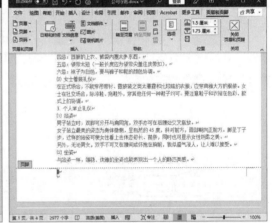

图 3-64

知识精讲

　　在长文档中常能见到奇数页和偶数页的页眉、页脚不同。例如，制作企业宣传册，若要奇数页显示公司名，偶数页显示宣传册标题，可在【布局】选项卡中单击【页面设置】选项组中的【启动器】按钮，打开【页面设置】对话框，在【版式】选项卡中选中【奇偶页不同】复选框，单击【确定】按钮，再分别对奇数页和偶数页的页眉、页脚进行设置。

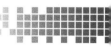

3.6.3　给文档添加签名行

　　　　　　　　如果用户有需要他人验证、确认或同意的 Word 文档，那么可以让他们签名。使用 Word 2021 添加签名行，能节省手动签名的时间。本例详细介绍给文档添加签名行的操作方法。

◀◀ 扫码看视频(本节视频课程时间：31 秒)

　素材保存路径：配套素材\第 3 章
　　　　　素材文件名称：员工任免通知书.docx

第 1 步　打开本例的素材文件"员工任免通知书.docx"，定位准备添加签名行的位置，*1.* 选择【插入】选项卡，*2.* 在【文本】选项组中单击【签名行】下拉按钮，*3.* 在弹出的下拉列表中选择【图章签名行】选项，如图 3-65 所示。

第 2 步　弹出【签名设置】对话框，*1.* 在【建议的签名人】文本框中输入名字，*2.* 在【建议的签名人职务】文本框中输入职务，*3.* 单击【确定】按钮，如图 3-66 所示。

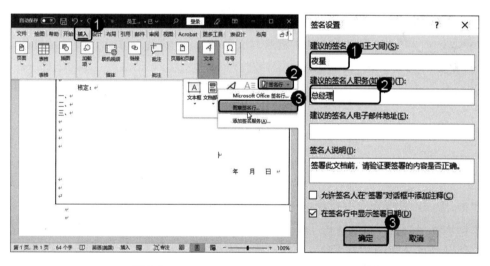

图 3-65　　　　　　　　　　　　　图 3-66

第 3 步　最终效果如图 3-67 所示。通过以上步骤即可完成为文档添加签名行的操作。

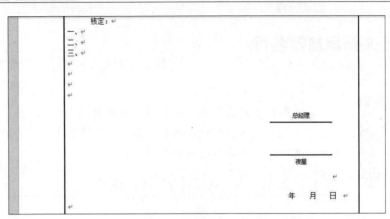

图 3-67

3.7 思考与练习

一、填空题

1. 艺术字通常都是包含在一个_____内的，用户可以对文本文字的外观效果进行更改，而且还可以自定义设置艺术字的大小、环绕方式、效果、样式等。

2. Word 中的_____是一种可移动、可调节大小的文本或图形容器。

3. _____的种类很多，包括圆形、长方形、菱形等基础图形，还包括线条、标注图形、箭头图形等。

4. _____是一种文本和形状相结合的图形，它能以可视化的方式直观地表达出信息之间的关系。

5. _____通常用于展示文档的附加信息，如日期、页码、单位名称等。

6. _____是每一个页面上用于标明页面次序的数字。

二、判断题

1. 在 Word 2021 中，若对插入的图片形状不满意，用户可以将插入文档中的图片裁剪成不同形状。　　　　　　　　　　　　　　　　　　　　　　　　　　（　　）

2. 文本框是一种富于创意性、美观性和修饰性的特殊文本，一般应用于文档的标题或文档中需要修饰的内容部分。　　　　　　　　　　　　　　　　　　　　（　　）

3. 在 Word 2021 文档中可以同时存在文本文字、艺术字和图片等多种插图时，用户可以通过设置艺术字的环绕方式，使文本文字和艺术字等的表现方式更加美观，从而更加适合文本的需要。　　　　　　　　　　　　　　　　　　　　　　　　　（　　）

4. 使用文本框可以在一页上放置数个文本块，或使文本按与文档中其他文本不同的方向排列。　　　　　　　　　　　　　　　　　　　　　　　　　　　　　（　　）

5. 通过使用艺术字，用户可以将 Word 文本很方便地放置到文档页面的指定位置，而不必受到段落格式、页面设置等因素的影响。　　　　　　　　　　　　　　（　　）

6. 在文档中插入图形后，还可在图形中输入和编辑文本，并对多个图形进行对齐等格式的设置。　　　　　　　　　　　　　　　　　　　　　　　　　　　　　　　　（　　　）

7. 在 Word 2021 文档中绘制完图形后，用户不可以在所绘制的图形中添加一些文字。
　　　　　　　　　　　　　　　　　　　　　　　　　　　　　　　　　　　（　　　）

8. 在日常工作中，SmartArt 图形主要用于制作流程图、组织结构图等。用户可以通过在多种不同布局中进行选择来创建 SmartArt 图形，从而快速、轻松、有效地传达信息。
　　　　　　　　　　　　　　　　　　　　　　　　　　　　　　　　　　　（　　　）

三、思考题

1. 如何插入艺术字？
2. 如何插入文本框？
3. 如何绘制图形并添加文字？

第 4 章

创建与编辑表格

本章主要内容

本章主要介绍创建表格、输入和编辑文本、编辑单元格、合并与拆分单元格方面的知识及技巧，同时讲解如何美化表格格式。在本章的最后还针对实际的工作需求，讲解制作产品销售记录表和个人简历的方法。通过本章的学习，读者可以掌握创建与编辑表格基础操作方面的知识，为深入学习 Office 2021 知识奠定基础。

4.1 创 建 表 格

在 Word 2021 中绘制表格是日常办公中应用十分广泛的一种操作。要使用表格来表达内容，首先就需要学会创建表格。在 Word 2021 文档中用户可以手动创建表格，也可以自动创建表格。本节将介绍在 Word 2021 中创建表格的相关操作方法。

4.1.1 手动创建表格

手动创建表格是通过光标自定义的方式来绘制表格，这种方法可以根据绘制者的需求创建表格，操作比较灵活。下面介绍手动创建表格的方法。

第 1 步 打开 Word 文档，**1.** 选择【插入】选项卡，**2.** 单击【表格】下拉按钮，**3.** 在弹出的下拉列表中选择【绘制表格】选项，如图 4-1 所示。

第 2 步 光标变成绘制标志 ，单击并拖动鼠标，到适当位置处释放鼠标，即可完成手动创建表格的操作，如图 4-2 所示。

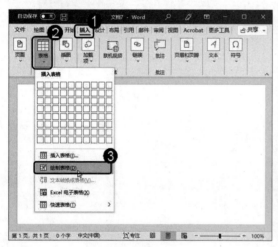

图 4-1

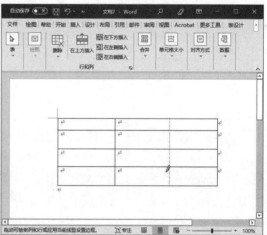

图 4-2

4.1.2 自动创建表格

自动创建表格的方法分为两种：一种是通过【表格】选项组中提供的虚拟表格来快速创建表格；另一种是通过插入表格的方式来创建表格。下面详细介绍自动创建表格的操作方法。

1. 通过虚拟表格创建表格

通过【表格】选项组中提供的虚拟表格可以快速创建 10 列 8 行以内任意数列的表格。下面详细介绍使用虚拟表格创建表格的方法。

第 1 步 打开 Word 文档，**1.** 选择【插入】选项卡，**2.** 单击【表格】下拉按钮，**3.** 在虚拟表格区域中选择准备绘制表格的行数和列数，如图 4-3 所示。

第 2 步　效果如图 4-4 所示。通过以上操作步骤即可完成使用虚拟表格绘制表格的操作。

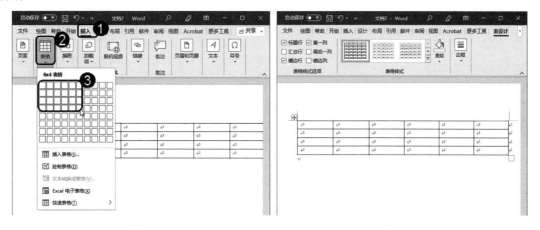

<table>
<tr><td>图 4-3</td><td>图 4-4</td></tr>
</table>

2. 通过【插入表格】命令插入表格

通过选择【表格】选项组中的【插入表格】命名可以创建任意行数和列数的表格。下面介绍使用【插入表格】命令来创建表格的方法。

第 1 步　打开 Word 文档，*1.* 选择【插入】选项卡，*2.* 单击【表格】下拉按钮，*3.* 在弹出的下拉列表中选择【插入表格】命令，如图 4-5 所示。

第 2 步　弹出【插入表格】对话框，*1.* 在【列数】和【行数】数值微调框中输入数值，*2.* 单击【确定】按钮，如图 4-6 所示。

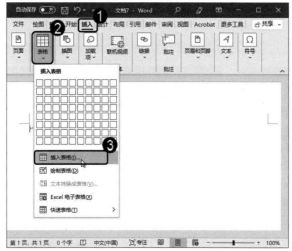

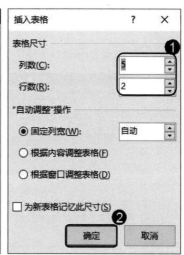

<table>
<tr><td>图 4-5</td><td>图 4-6</td></tr>
</table>

第 3 步　效果如图 4-7 所示。通过以上操作步骤即可完成使用【插入表格】命令自动插入表格的操作。

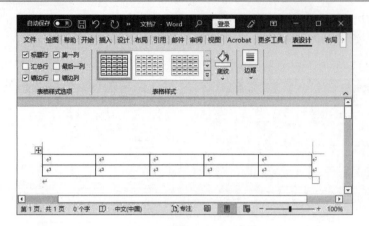

图 4-7

4.2 输入和编辑文本

完成表格的创建后，用户可以在表格中输入文本并进行编辑，同时还可以设置文本的对齐方式等。下面介绍在表格中输入和编辑文本的操作方法。

4.2.1 在表格中输入文本

一个表格中可以包含多个单元格，用户可以将文本内容输入到指定的单元格中。下面介绍在表格中输入文本的方法。

第1步 创建表格后，将光标定位在准备输入内容的单元格中，输入需要的文本，如图 4-8 所示。

第2步 效果如图 4-9 所示。通过以上操作步骤即可完成在表格中输入文本的操作。

图 4-8

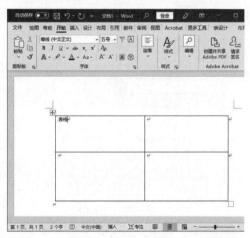

图 4-9

4.2.2　选中表格中的文本

用户可以随时对表格中的文本进行修改和编辑，在对文本进行修改和编辑时，需要先将表格中的文本选中。下面介绍选中表格中文本的操作方法。

第 1 步　将光标定位在需要选中文本的起始点或终止点，单击鼠标左键并拖动，如图 4-10 所示。

第 2 步　效果如图 4-11 所示。通过以上操作步骤即可在表格中将文本选中。

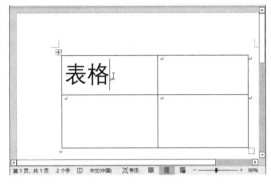
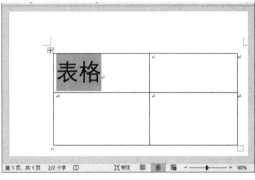

图 4-10　　　　　　　　　　　　　　　　图 4-11

4.2.3　设置表格文本的对齐方式

在表格中输入文本后，用户可以对表格文本进行对齐方式的设置。下面介绍设置表格文本的对齐方式的操作方法。

第 1 步　选中表格中的文本后，*1.* 选择【布局】选项卡，*2.* 在【对齐方式】选项组中选择一种对齐方式，如图 4-12 所示。

第 2 步　效果如图 4-13 所示。通过以上操作步骤即可完成表格文本对齐方式的设置。

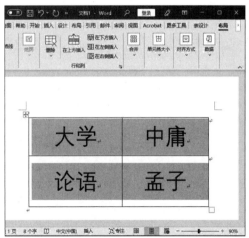

图 4-12　　　　　　　　　　　　　　　　图 4-13

4.2.4 课堂范例——处理表格中的数据

在 Word 文档中插入的表格也可以进行数据处理。当然，处理 Word 文档中，的表格数据时能使用的公式是非常有限的。例如，在求和公式中，只能使用 LEFT、ABOVE 函数来对公式所在单元格的左侧连续单元格或上方连续单元格进行求和运算，而不能自由地指定求和区域。本例详细介绍处理表格中的数据的操作方法。

◀◀ 扫码看视频(本节视频课程时间：26 秒)

素材保存路径：配套素材\第 4 章

素材文件名称：编制计划表.docx

第1步 打开本例的素材文件"编制计划表.docx"，**1.** 将光标定位在要显示计算结果的单元格中，**2.** 切换到【布局】选项卡，**3.** 单击【数据】选项组中的【公式】按钮，如图4-14 所示。

第2步 弹出【公式】对话框，**1.** 在【公式】文本框中输入"=SUM(LEFT)"，表示计算单元格左侧连续单元格数据的和，**2.** 单击【确定】按钮，如图 4-15 所示。

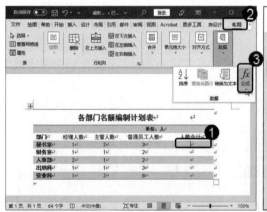

图 4-14

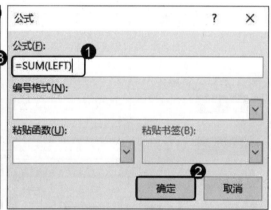

图 4-15

第3步 此时即可计算出秘书室的人数合计为 6，如图 4-16 所示。

各部门名额编制计划表			
			单位：人
部门	经理人数	主管人数	普通员工人数	人数合计
秘书室	1	2	3	6
财务室	1	1	2	
人事部	2	1	2	
出纳科	1	1	3	
营业科	1	2	8	

图 4-16

智慧锦囊

　　应用公式对表格中的数据进行计算时，还可以为公式的计算结果设置显示格式。在【公式】对话框中设置好公式后，单击【编号格式】下拉按钮，在展开的下拉列表中选择需要应用的格式，公式的计算结果即会以该格式显示。

4.3　编辑单元格

4.3.1　选择单元格

　　选择单元格中的文本内容后，可以对文本进行编辑和设置。选择单元格的方法共 5 种，下面分别介绍选择单元格的方法。

1. 选择一个单元格

下面详细介绍选择一个单元格的方法。

第 1 步 将光标定位在一个单元格的左侧，当光标变成选择标志 ↗ 时，单击鼠标，如图 4-17 所示。

第 2 步 可以看到一个单元格被选中，如图 4-18 所示。通过以上步骤即可完成选择一个单元格的操作。

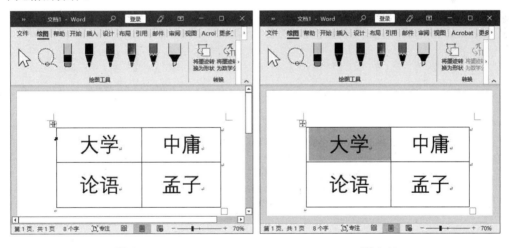

图 4-17　　　　　　　　　　　　　图 4-18

2. 选择一行单元格

　　用户可以在表格中选择任意一行单元格进行文本的修改、编辑和设置。下面介绍选择一行单元格的方法。

第 1 步 将光标定位在一行单元格的左侧，当光标变成选择标志 ↗ 时，单击鼠标，如图 4-19 所示。

<u>第 2 步</u> 可以看到一行单元格被选中，如图 4-20 所示。通过以上步骤即可完成选择一行单元格的操作。

图 4-19

图 4-20

3. 选择一列单元格

下面介绍选择一列单元格的方法。

<u>第 1 步</u> 将光标定位在一列单元格的最上方，当光标变成选择标志↓后，单击鼠标，如图 4-21 所示。

<u>第 2 步</u> 可以看到一列单元格被选中，如图 4-22 所示。通过以上步骤即可完成选择一列单元格的操作。

图 4-21

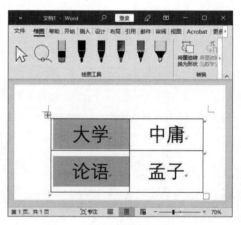

图 4-22

4. 选择多个不连续单元格

下面介绍选择多个不连续单元格的方法。

<u>第 1 步</u> 选中一个起始单元格，按住 Ctrl 键，在准备终止的单元格内单击，如图 4-23 所示。

<u>第 2 步</u> 可以看到多个不连续单元格被选中，如图 4-24 所示。通过以上步骤即可完成选择多个不连续的单元格的操作。

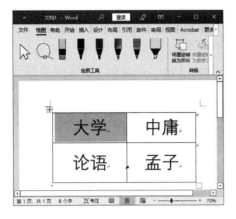
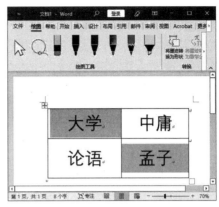

| 图 4-23 | 图 4-24 |

5．选择整个表格的单元格

下面详细介绍选择整个表格的单元格的方法。

第1步　将光标放置在整个表格的左上角图标 ⊞ 上，当光标变成选择标志 ⬚ 后，单击鼠标左键，如图 4-25 所示。

第2步　可以看到整个表格的单元格被选中，如图 4-26 所示。通过以上步骤即可完成选择整个表格的操作。

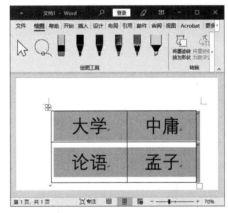

| 图 4-25 | 图 4-26 |

4.3.2　插入单元格

在编辑表格的过程中，当需要在指定的位置增加内容时，可以在表格中插入单元格。下面介绍插入单元格的操作方法。

1．插入单个单元格

在 Word 表格中，用户可以在指定位置添加单个或多个单元格。下面介绍插入单个单元格的操作方法。

第 1 步 将光标移动至需要插入单元格的位置处，**1.** 选择【布局】选项卡，**2.** 在【行和列】选项组中单击【启动器】按钮，如图 4-27 所示。

第 2 步 弹出【插入单元格】对话框，**1.** 选中【活动单元格下移】单选按钮，**2.** 单击【确定】按钮，如图 4-28 所示。

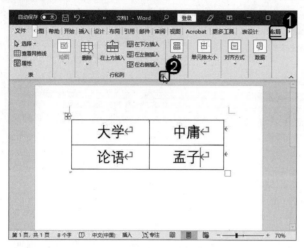

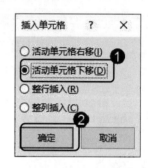

图 4-27   图 4-28

第 3 步 返回到文档，可以看到在表格中已经插入了一个单元格，如图 4-29 所示。这样即可完成在表格中插入单个单元格的操作。

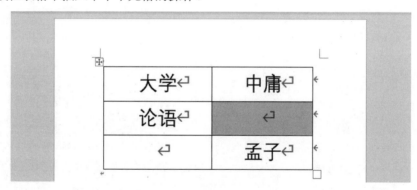

图 4-29

2. 插入整行单元格

在 Word 表格中，用户可以在指定位置插入整行单元格。下面详细介绍插入整行单元格的操作方法。

第 1 步 将光标移动至需要插入单元格的位置处，**1.** 选择【布局】选项卡，**2.** 在【行和列】选项组中单击【在下方插入】按钮，如图 4-30 所示。

第 2 步 通过以上步骤即可完成插入整行单元格的操作，效果如图 4-31 所示。

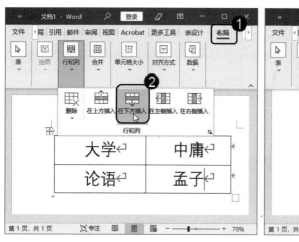

图 4-30

图 4-31

3. 插入整列单元格

在 Word 表格中，用户可以在指定位置插入整列单元格。下面详细介绍插入整列单元格的操作方法。

【第 1 步】 将光标移动至需要插入单元格的位置处，1. 选择【布局】选项卡，2. 在【行和列】选项组中单击【在右侧插入】按钮，如图 4-32 所示。

【第 2 步】 通过以上步骤即可完成插入整列单元格的操作，效果如图 4-33 所示。

图 4-32

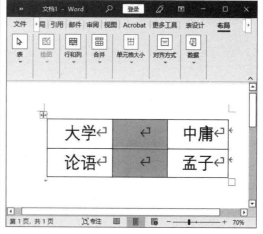

图 4-33

4.3.3　删除单元格

在 Word 表格中，用户可以将不需要的单元格删除。下面详细介绍删除单元格的操作方法。

1. 删除单个单元格

在 Word 表格中，用户可以在指定位置删除某个单元格。下面详细介绍删除单个单元格的操作方法。

第1步 选中单元格，按 Backspace 键，如图 4-34 所示。

第2步 弹出【删除单元格】对话框，*1.* 选中【右侧单元格左移】单选按钮，*2.* 单击【确定】按钮，如图 4-35 所示。

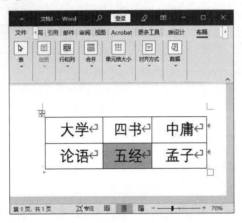

图 4-34

图 4-35

第3步 通过以上步骤即可完成删除单个单元格的操作，效果如图 4-36 所示。

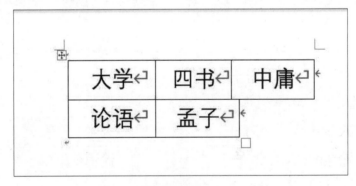

图 4-36

2. 删除整行单元格

在 Word 表格中，用户可以在指定位置删除整行单元格。下面详细介绍删除整行单元格的操作方法。

第1步 将光标移动至需要删除整行单元格的起始位置，*1.* 选择【布局】选项卡，*2.* 在【行和列】选项组中单击【删除】下拉按钮，*3.* 在弹出的下拉列表中选择【删除行】选项，如图 4-37 所示。

第2步 通过以上步骤即可完成删除整行单元格的操作，效果如图 4-38 所示。

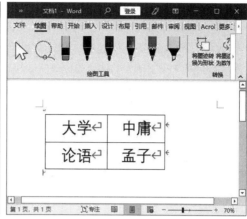

图 4-37　　　　　　　　　　　　　　　图 4-38

3. 删除整列单元格

在 Word 表格中，用户可以在指定位置删除整列单元格。下面详细介绍删除整列单元格的操作方法。

第 1 步　将光标移动至需要删除整列单元格的起始位置处，**1.** 选择【布局】选项卡，**2.** 在【行和列】选项组中单击【删除】下拉按钮，**3.** 在弹出的下拉列表中选择【删除列】选项，如图 4-39 所示。

第 2 步　通过以上步骤即可完成删除整列单元格的操作，效果如图 4-40 所示。

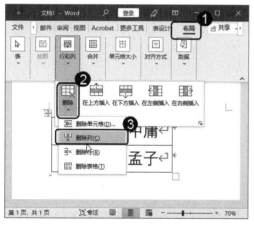

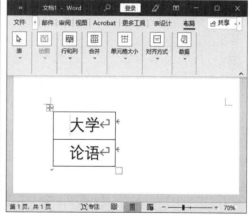

图 4-39　　　　　　　　　　　　　　　图 4-40

4.3.4　课堂范例——自动调整行高与列宽

添加在表格中的文本的字号可能有大有小，或许还包含多行文本或一行较长的文本，这时就需要调整单元格的行高和列宽，让单元格的大小与文本内容相匹配。本例详细介绍自动调整行高和列宽的方法。

◀◀ 扫码看视频(本节视频课程时间：27 秒)

素材保存路径: 配套素材\第 4 章

素材文件名称: 人力需求规划表.docx

第 1 步 打开本例的素材文件"人力需求规划表.docx",将光标定位在表格中,*1.* 切换到【布局】选项卡,*2.* 单击【单元格大小】选项组中的【自动调整】下拉按钮,*3.* 在展开的下拉列表中选择【根据内容自动调整表格】选项,如图 4-41 所示。

第 2 步 此时可以看见表格的行高与列宽自动和表格中的文本内容相匹配,如图 4-42 所示。这样即可完成自动调整行高与列宽的操作。

图 4-41

图 4-42

智慧锦囊

除了自动调整行高和列宽,还可以用鼠标拖动的方式调整行高和列宽:将鼠标指针移动到列与列之间或行与行之间的表格线上,当鼠标指针变为双箭头状时,按住鼠标左键不放并拖动,拖动至合适的位置后释放鼠标左键即可。

4.4 合并与拆分单元格

合并单元格是指将多个连续的单元格组合成一个单元格,拆分单元格是指将一个单元格分解成多个连续的单元格。合并与拆分单元格的操作多用于 Word 或 Excel 中的表格。本节详细介绍合并与拆分单元格的方法。

4.4.1 合并单元格

在表格中,用户可以根据个人需要将多个连续的单元格合并成一个单元格。下面详细介绍合并单元格的操作方法。

第 1 步　选中需要合并的多个连续单元格，*1.* 选择【布局】选项卡，*2.* 在【合并】选项组中单击【合并单元格】按钮，如图 4-43 所示。

第 2 步　效果如图 4-44 所示。通过以上步骤即可完成合并多个连续单元格的操作。

图 4-43

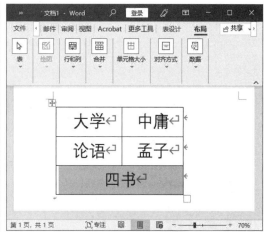

图 4-44

4.4.2　拆分单元格

拆分单元格可以将表格中的一个单元格拆分为多个单元格。下面详细介绍拆分单元格的操作方法。

第 1 步　选中需要折分的单元格，*1.* 选择【布局】选项卡，*2.* 在【合并】选项组中单击【拆分单元格】按钮，如图 4-45 所示。

第 2 步　弹出【拆分单元格】对话框，*1.* 在【列数】和【行数】数值微调框中输入数值，*2.* 单击【确定】按钮，如图 4-46 所示。

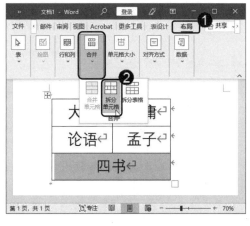

图 4-45

图 4-46

第 3 步　效果如图 4-47 所示。通过以上步骤即可完成拆分单元格的操作。

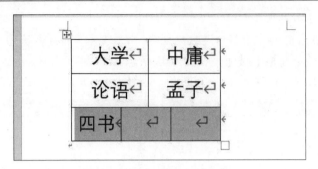

图 4-47

4.4.3 课堂范例——快速将表格一分为二

Word 文档中的表格可以分割成两个，例如，将表格前一行分割为一个表格，剩余的行分割为另一个表格。本例详细介绍快速将表格一分为二的操作方法。

◀◀ 扫码看视频(本节视频课程时间：21 秒)

素材保存路径：配套素材\第 4 章

素材文件名称：一分为二.docx

第 1 步 打开本例的素材文件"一分为二.docx"，将光标定位在表格第 2 行的任意单元格中，**1.** 切换到【布局】选项卡，**2.** 单击【合并】选项组中的【拆分表格】按钮，如图 4-48 所示。

第 2 步 此时可以看见已经将整个表格分割成两个表格，如图 4-49 所示。这样即可完成快速将表格一分为二的操作。

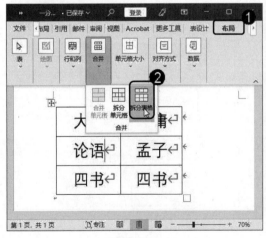

图 4-48

图 4-49

知识精讲

编辑表格时难免会遇到表格跨页的情况，由于下一页的表格缺少标题，查看起来很不方便，手工添加标题又显得不够灵活。如果表格的标题位于第一行，可以将光标定位在第一行中，在【布局】选项卡中单击【重复标题行】按钮，即可在下一页表格中自动重复显示第一行的标题。

4.5　美化表格格式

运用前面学习的操作搭建好表格的框架并输入内容后，还需要对表格样式进行适当的设置，这样才能得到一个专业、美观的表格。为了使表格更加美观，可以对表格格式进行设置。表格格式包括表格的样式、属性、行高、列宽、边框和底纹等。本节将详细介绍美化表格格式的相关知识及操作方法。

4.5.1　自动套用表格样式

Word 2021 预设了多种非常美观的表格样式，用户可以根据个人需要为表格套用合适的样式。下面详细介绍自动套用表格样式的操作方法。

第 1 步　选中需要更改样式的表格，**1.** 切换到【表设计】选项卡，**2.** 单击【表格样式】选项组中的【其他】按钮，如图 4-50 所示。

第 2 步　在弹出的样式库中选择一个合适的样式，如图 4-51 所示。

图 4-50

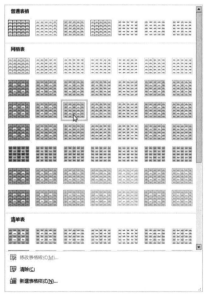

图 4-51

第3步 为表格套用预设的表格样式后，即可快速地美化表格，效果如图 4-52 所示。

图 4-52

4.5.2 设置表格属性

表格属性的设置包括表格的尺寸、对齐方式、环绕方式等。下面详细介绍设置表格属性的操作方法。

第1步 将光标定位在表格中的任意位置处，*1.* 选择【布局】选项卡，*2.* 在【表】选项组中单击【属性】按钮，如图 4-53 所示。

第2步 弹出【表格属性】对话框，*1.* 选择【表格】选项卡，*2.* 在【对齐方式】区域中选择【右对齐】选项，*3.* 在【文字环绕】区域中选择【无】选项，如图 4-54 所示。

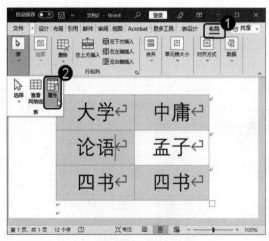

图 4-53

图 4-54

第3步 *1.* 选择【单元格】选项卡，*2.* 在【垂直对齐方式】区域中选择【居中】选项，*3.* 单击【确定】按钮，如图 4-55 所示。

第4步 效果如图 4-56 所示。通过以上步骤即可完成设置表格属性的操作。

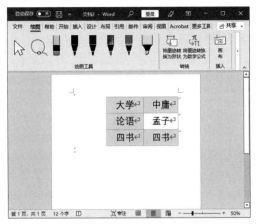

图 4-55　　　　　　　　　　　　图 4-56

4.5.3　课堂范例——更改表格中文本的方向

表格中的文字默认是水平显示的，并没有什么特别之处。一般来说，要设置特殊字体，都会使用艺术字来进行表现。其实，在 Word 表格中也可以设置单元格内文字的方向，使排版样式更好看，或者是用来满足一些特殊场景下的文字排版需求。本例详细介绍更改表格中文本的方向的操作方法。

◀◀ 扫码看视频(本节视频课程时间：32 秒)

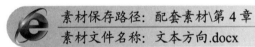

素材保存路径：配套素材\第 4 章

素材文件名称：文本方向.docx

　　第 1 步　打开本例的素材文件"文本方向.docx"，*1.* 将鼠标指针定位在要改变文本方向的表格中并右击，*2.* 在弹出的快捷菜单中选择【文字方向】命令，如图 4-57 所示。

　　第 2 步　弹出【文字方向-表格单元格】对话框，*1.* 在【方向】区域下方选择准备应用的文字方向，并在右侧的【预览】区域预览效果，*2.* 单击【确定】按钮，如图 4-58 所示。

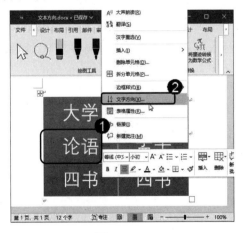

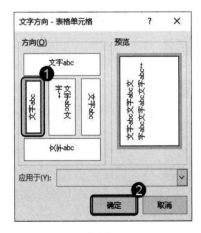

图 4-57　　　　　　　　　　　　图 4-58

第3步 返回到文档中，可以看到表格中的文本方向已被更改，如图 4-59 所示。这样即可完成更改表格中文本方向的操作。

图 4-59

4.6 实践案例与上机指导

通过本章的学习，读者基本可以掌握创建与编辑表格的基本知识以及一些常见的操作方法。下面通过练习操作，达到巩固学习、拓展提高的目的。

4.6.1 制作产品销售记录表

 　　一份完整的销售业绩表及深入的销售业绩分析，可以帮助销售员对销售状况一目了然，进而有针对性地调整销售策略，助力销售目标的达成；也可以帮助企业决策者快速、精准地对销售情况进行分析，做出实现销售业绩快速增长的决策。本例详细介绍制作产品销售记录表的方法。

◀◀ 扫码看视频(本节视频课程时间：1 分 23 秒)

第1步 新建一个空白文档，**1.** 在【插入】选项卡中单击【表格】下拉按钮，**2.** 在虚拟表格区域中绘制一个 9 列 8 行的表格，如图 4-60 所示。

第2步 在表格第 8 行中，选中第 2 列到第 9 列的单元格，**1.** 选择【布局】选项卡，**2.** 在【合并】选项组中单击【合并单元格】按钮，如图 4-61 所示。

第3步 输入表格标题和记录编号等内容，如图 4-62 所示。

第4步 输入表格中的其他标题内容，如图 4-63 所示。

第5步 将光标定位在表格中，**1.** 切换到【布局】选项卡，**2.** 单击【单元格大小】选项组中的【自动调整】下拉按钮，**3.** 在展开的下拉列表中选择【根据内容自动调整表格】选项，如图 4-64 所示。

第6步 将鼠标指针放在列名称上，当鼠标指针变成黑色"十"字状时，双击鼠标左键，这时可以发现左边的列会自动调整列宽。依次将所有列宽进行调整，效果如图 4-65 所示。通过以上步骤即可完成制作产品销售记录表。

图 4-60　　　　　　　　　　　　　　图 4-61

图 4-62　　　　　　　　　　　　　　图 4-63

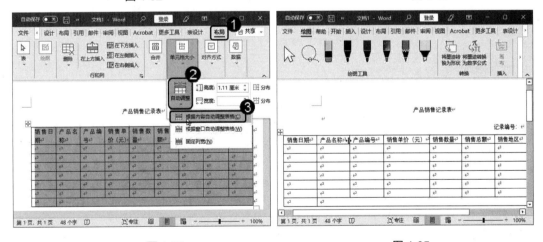

图 4-64　　　　　　　　　　　　　　图 4-65

知识精讲

在 Word 2021 中，文本与表格可以快速转换。要由表格转换为文本，单击【布局】选项卡中的【转换为文本】按钮，在弹出的对话框中选择文本分隔符，单击【确定】按钮即可；要由文本转换为表格，插入分隔符将文本分成列，使用段落标记标识要开始新行的位置，选择所有文本，在【插入】选项卡中单击【表格】下拉按钮，在展开的下拉列表中选择【文本转换成表格】选项，弹出【将文字转换成表格】对话框，设置表格尺寸、自动调整操作及文本分隔位置等内容，单击【确定】按钮即可完成转换。

4.6.2 制作个人简历

个人简历是求职时广泛使用的一种书面材料，美观、得体的简历可在很大程度上提高求职的成功率。表格式简历便于用人单位快速地了解求职者的个人信息。本例综合运用前面所学的知识，制作一份简洁、规范的表格式个人简历。

◄◄ 扫码看视频(本节视频课程时间：1 分 56 秒)

 素材保存路径：配套素材\第 4 章
素材文件名称：个人简历.docx

第1步 打开本例的素材文件"个人简历.docx"，**1.** 在【插入】选项卡中单击【表格】下拉按钮，**2.** 在展开的下拉列表中选择【绘制表格】选项，如图 4-66 所示。

第2步 此时鼠标指针呈铅笔形，在适当的位置拖动鼠标，绘制表格，如图 4-67 所示。

图 4-66

图 4-67

第3步 释放鼠标后，根据需要继续绘制表格的行线和列线，完成整个表格的绘制，如图 4-68 所示。

第4步 在表格中输入相应的文本，如图 4-69 所示。

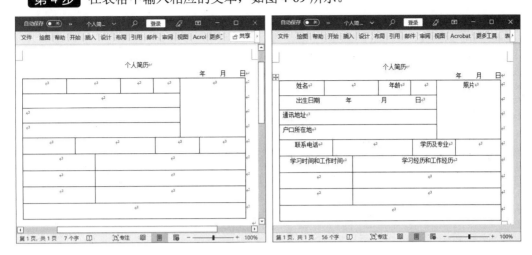

图 4-68　　　　　　　　　　　　　　　　　图 4-69

第5步 选择整个表格，**1.** 切换到【布局】选项卡，**2.** 单击【对齐方式】选项组中的【水平居中】按钮，如图 4-70 所示。

第6步 此时表格中的文本内容全部处于水平居中位置，**1.** 选择要设置其他对齐方式的单元格区域，**2.** 在【对齐方式】选项组中单击【中部左对齐】按钮，如图 4-71 所示。

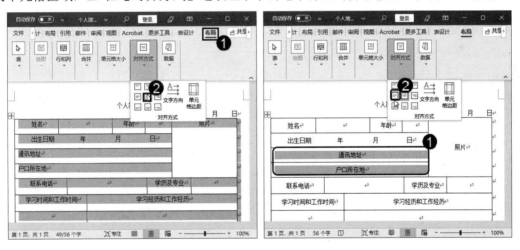

图 4-70　　　　　　　　　　　　　　　　　图 4-71

第7步 改变单元格区域中内容的对齐方式后，**1.** 选择要设置行高的单元格区域，**2.** 在【单元格大小】选项组中单击【高度】数值调节按钮，设置表格的行高为【1.5 厘米】，如图 4-72 所示。

第8步 设置好所选单元格区域的行高后，根据需要再对其他单元格的行高或列宽进行设置，效果如图 4-73 所示。

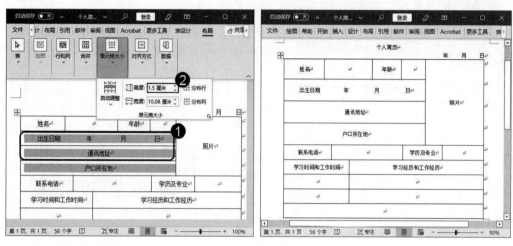

图 4-72　　　　　　　　　　　　　　　　图 4-73

第9步 选中整个表格，切换到【表设计】选项卡，*1.* 单击【边框】下拉按钮，*2.* 在展开的下拉列表中选择【边框和底纹】选项，如图 4-74 所示。

第10步 弹出【边框和底纹】对话框，*1.* 在【边框】选项卡的【样式】列表框中选择一个边框样式，*2.* 设置边框的【宽度】为【2.25 磅】，*3.* 在【设置】区域中选择【虚框】选项，如图 4-75 所示。

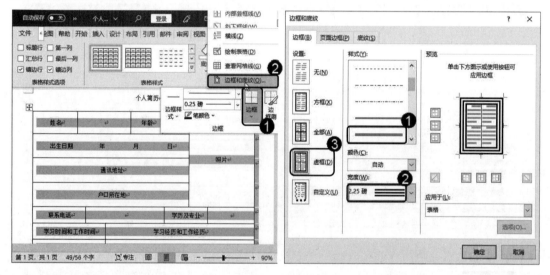

图 4-74　　　　　　　　　　　　　　　　图 4-75

第11步 *1.* 切换到【底纹】选项卡，*2.* 单击【填充】右侧的下拉按钮，*3.* 在展开的颜色库中选择【白色，背景 1，深色 15%】，如图 4-76 所示。

第12步 单击【确定】按钮后，即可为表格应用设置的边框和底纹，完成个人简历表的制作，效果如图 4-77 所示。

图 4-76

图 4-77

4.7　思考与练习

一、填空题

1. 自动创建表格的方法分为两种，一种是通过【表格】选项组中提供的_____来快速创建表格，另一种是通过插入表格的方式来创建表格。

2. 添加在表格中的文本的字号可能有大有小，或许还包含多行文本或一行较长的文本，这时候就需要调整单元格的_____，让单元格大小与文本内容相匹配。

3. _____是指将多个连续的单元格组合成一个单元格，_____是指将一个单元格分解成多个连续的单元格。合并与拆分单元格的操作多用于 Word 或 Excel 中的表格。

4. 表格中的文字默认是_____显示的，并没有什么特别之处。一般来说，要设置特殊字体，都会使用艺术字来进行表现。

二、判断题

1. 手动创建表格是通过光标自定义的方式来绘制表格，这种方法可以根据绘制者的需求创建表格，操作比较灵活。　　　　　　　　　　　　　　　　　　　（　　）

2. 通过【表格】选项组中提供的虚拟表格可以快速创建 10 列 10 行以内任意数列的表格。　　　　　　　　　　　　　　　　　　　　　　　　　　　　　（　　）

3. 通过【插入表格】命令可以创建任意行数和列数的表格。　　　　　　（　　）

4. 一个表格中可以包含多个单元格，用户可以将文本内容输入到指定的单元格中。

（　　）

5. 拆分单元格可以将多个相邻的单元格合并为一个单元格。在表格中，用户可以根据个人需要将多个连续的单元格合并成一个单元格。   （   ）

三、思考题

1. 如何手动创建表格？

2. 如何合并单元格？

3. 如何自动套用表格样式？

第 **5** 章

Word 高效办公

本章要点

- 审阅与修订文档
- 制作页眉和页脚
- 创建目录与索引
- 使用题注为图片自动添加编号

本章主要内容

本章主要介绍审阅与修订文档、制作页眉和页脚、创建目录与索引方面的知识及技巧，同时讲解如何使用题注为图片自动添加编号。在本章的最后还针对实际的工作需求，讲解插入分页符、添加书签标记查阅位置的方法。通过本章的学习，读者可以掌握 Word 高效办公基础操作方面的知识，为深入学习 Office 2021 知识奠定基础。

5.1 审阅与修订文档

对于比较重要的文档，在编排完成后最好进行校对和修订，避免错误的产生。在审阅文档时，通过修订功能，文档编辑者可以跟踪多个修订者对文档所进行的修改。借助修订工具，可以看到何人、何时插入或删除了哪些内容。如果多个修订人都更改了文档，就可以知道谁进行了哪些更改，这有助于决定如何集成不一致的编辑操作。本节将详细介绍审阅与修订文档的相关知识及操作方法。

5.1.1 添加和删除批注

当检查到文档中有错误时，可以在错误的位置插入批注，说明错误的原因或修改建议。下面详细介绍添加和删除批注的操作方法。

第1步 选择需要添加批注的内容，*1.* 选择【审阅】选项卡，*2.* 在【批注】选项组中单击【新建批注】按钮，如图5-1所示。

第2步 此时在文档中插入了一个批注，在【批注】文本框中输入错误的原因或修改建议，如图5-2所示。这样即可完成添加批注的操作。

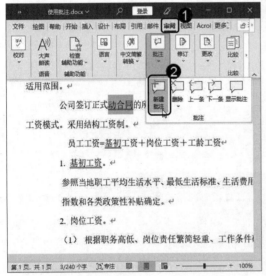
图 5-1

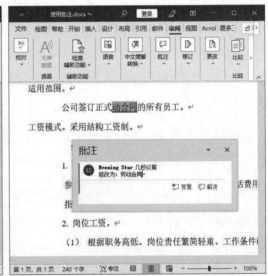
图 5-2

第3步 将光标定位在批注中，*1.* 选择【审阅】选项卡，*2.* 在【批注】选项组中单击【删除】下拉按钮，*3.* 在弹出的下拉列表中选择【删除】选项，如图5-3所示。

第4步 可以看到批注已经被删除，如图5-4所示。通过以上步骤即可完成删除批注的操作。

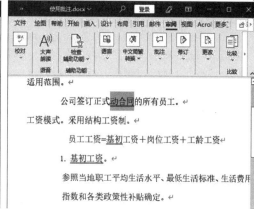

图 5-3

图 5-4

知识精讲

　　在【查找和替换】对话框中，可以使用定位功能快速将光标定位至指定位置，例如，将光标快速定位至批注中，具体方法是：打开【查找和替换】对话框，切换至【定位】选项卡，在【定位目标】列表框中选择【批注】选项，在右侧【请输入审阅者姓名】下拉列表框中选择需要的选项，再单击【下一处】按钮，即可将光标定位到该审阅者的批注上。

5.1.2　修订文档

　　在审阅其他用户编辑的文档时，只要启用了修订功能，Word 就会自动根据修订内容的不同，以不同的修订标记格式显示。下面详细介绍修订文档的操作方法。

　　第 1 步　打开准备修订的文档，**1.** 选择【审阅】选项卡，**2.** 在【修订】选项组中单击【修订】按钮，如图 5-5 所示。

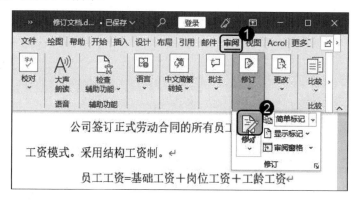

图 5-5

　　第 2 步　将光标定位在准备进行修改的位置处，将整段文字首行缩进 2 个字符，可以看到文档右侧会显示修订的操作说明，如图 5-6 所示。通过以上步骤即可完成修订文档的操作。

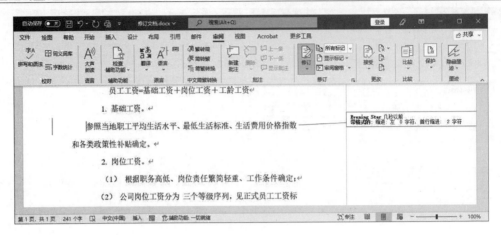

图 5-6

5.1.3 查看及显示批注和修订的状态

用户在阅读文档时，经常需要查看批注和文档的显示状态。下面介绍查看及显示批注和修订状态的操作方法。

第 1 步 打开文档，**1.** 选择【审阅】选项卡，**2.** 在【修订】选项组中单击【审阅窗格】下拉按钮，**3.** 在弹出的下拉列表中选择【垂直审阅窗格】选项，如图 5-7 所示。

第 2 步 弹出【修订】窗格，窗格中显示了所有的批注与修订内容，如图 5-8 所示。

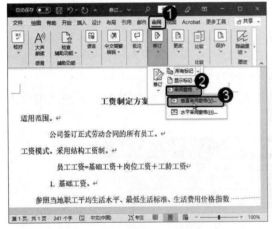

图 5-7

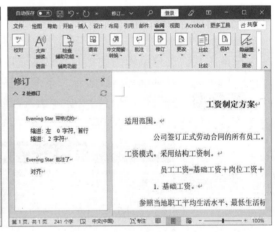

图 5-8

智慧锦囊

在 Word 中，默认的批注和修订格式是可以更改的。单击【审阅】选项卡【修订】选项组中的【启动器】按钮，弹出【修订选项】对话框，单击【高级选项】按钮，在弹出的对话框中可自定义插入和删除内容的标记样式及颜色、批注框样式等。

5.1.4　课堂范例——接受或拒绝修订

对于审阅者做出的修订，用户可选择接受或者拒绝。接受修订时将保留审阅者修订后的信息；而拒绝修订将清除审阅者对文档的修改，保留原有信息。在接受或者拒绝修订的过程中既可以一条一条地进行，也可以一次性完成操作。本例详细介绍接受或拒绝修订的操作方法。

◀◀ 扫码看视频(本节视频课程时间：28 秒)

　素材保存路径：配套素材\第 5 章
　素材文件名称：修订文档.docx

第 1 步　打开本例的素材文件"修订文档.docx"，将光标定位在需要接受修订的批注内的任意位置，**1.** 选择【审阅】选项卡，**2.** 在【更改】选项组中单击【接受】按钮，如图 5-9 所示。

第 2 步　即可看到接受文档修订后的效果，如图 5-10 所示。

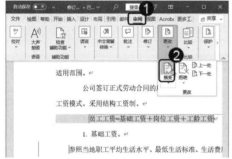

图 5-9

图 5-10

第 3 步　将光标定位在需要拒绝修订的批注内的任意位置，**1.** 选择【审阅】选项卡，**2.** 在【更改】选项组中单击【拒绝】按钮，如图 5-11 所示。

第 4 步　文档恢复原来的样式，如图 5-12 所示。这样即可完成拒绝修订。

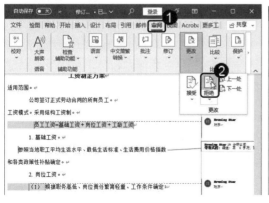

图 5-11

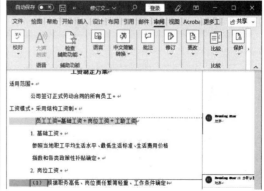

图 5-12

5.2 制作页眉和页脚

页眉是每个页面页边距的顶部区域，以图书为例，通常显示书名、章节等信息。页脚是每个页面页边距的底部区域，通常显示文档的页码等信息。对页眉、页脚进行编辑，可起到美化文档的作用。本节将详细介绍制作页眉和页脚的知识与技巧。

5.2.1 插入静态的页眉和页脚

为文档插入静态的页眉和页脚时，插入的页码内容不会随页数的变化而自动改变。静态页眉与页脚常用于设置一些固定不变的信息内容，如插入时间、日期、页码、单位名称和标识等。下面详细介绍插入静态页眉和页脚的操作方法。

第1步 打开准备插入页眉和页脚的 Word 文档，**1.** 选择【插入】选项卡，**2.** 在【页眉和页脚】选项组中单击【页眉】下拉按钮，**3.** 在弹出的下拉列表中选择【空白】选项，如图 5-13 所示。

第2步 页眉区域被激活，显示"在此处键入"提示文本，在其中输入页眉内容，即可完成插入静态页眉的操作，如图 5-14 所示。

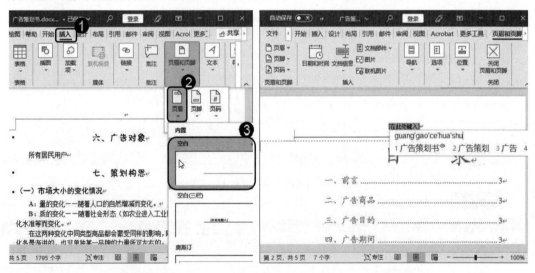

图 5-13　　　　　　　　　　　　　　图 5-14

第3步 设置完页眉后，**1.** 单击【页脚】下拉按钮，**2.** 在弹出的下拉列表中选择【空白】选项，如图 5-15 所示。

第4步 页脚区域被激活，显示"在此处键入"提示文本，在其中输入页脚内容，单击【关闭页眉和页脚】按钮，即可完成插入静态页脚的操作，如图 5-16 所示。

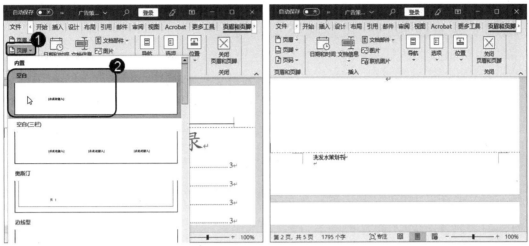

图 5-15　　　　　　　　　　　　　　图 5-16

5.2.2　添加动态页码

页码是每一个页面上标明次序的编码或其他数字，用来统计图书的页数，以便于读者检索。下面以设置页面底端的页码为例，详细介绍添加动态页码的操作方法。

第 1 步　打开 Word 文档，*1.* 选择【插入】选项卡，*2.* 在【页眉和页脚】选项组中单击【页码】下拉按钮，*3.* 在弹出的下拉列表中选择【页面底端】选项，*4.* 在弹出的样式库中选择【普通数字 1】选项，如图 5-17 所示。

第 2 步　可以看到在页面底端插入了页码，单击【关闭页眉和页脚】按钮即可完成插入动态页码的操作，如图 5-18 所示。

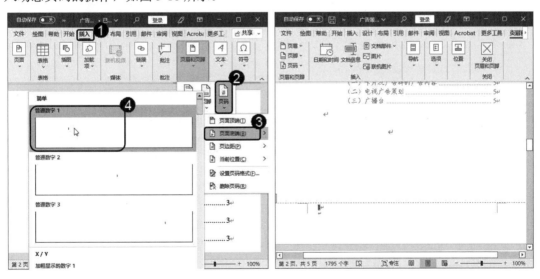

图 5-17　　　　　　　　　　　　　　图 5-18

5.2.3 课堂范例——设置动态页码样式

编辑文档的时候经常会给页眉或页脚处加上页码，这样可以方便阅读者快速找到相应的位置，也可以很快地知道文档的总页数。不同的文档一般会有不同的页码样式需求，Word 也预设了一些页码样式，用户可以很方便地找到自己想要的样式并应用。本例详细介绍设置动态页码样式的方法。

◄◄ 扫码看视频(本节视频课程时间：35 秒)

 素材保存路径：配套素材\第 5 章
素材文件名称：广告策划书.docx

第 1 步 打开本例的素材文件"广告策划书.docx"，*1.* 选择【插入】选项卡，*2.* 在【页眉和页脚】选项组中单击【页码】下拉按钮，*3.* 在弹出的下拉列表中选择【设置页码格式】选项，如图 5-19 所示。

第 2 步 弹出【页码格式】对话框，*1.* 在【编号格式】下拉列表中选择准备应用的动态页码样式，*2.* 选中【起始页码】单选按钮并设置起始页，*3.* 单击【确定】按钮，如图 5-20 所示。

图 5-19   图 5-20

第 3 步 返回到 Word 文档中可以看到已经应用了选择的页码样式，如图 5-21 所示。这样即可完成设置动态页码样式。

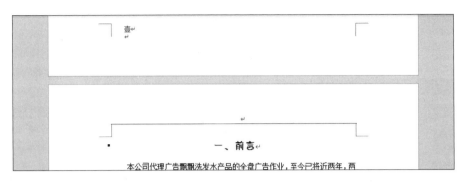

图 5-21

5.3　创建目录与索引

文档创建完成后，若文档中有许多标题，为了便于阅读，这时就需要有一个目录，以便快速通过标题找到需要查看的内容。在 Word 中，可以利用文档大纲创建文档目录，并根据需要更新目录的内容。本节将详细介绍创建目录与索引的相关知识及操作方法。

5.3.1　设置标题的大纲级别

创建目录之前，必须为文档的各级标题、正文等设置相应的大纲级别，这样在创建目录时才能自动将标题提取出来。下面详细介绍设置标题大纲级别的方法。

第 1 步　打开一份创建好的文档，**1.** 选择【视图】选项卡，**2.** 单击【视图】选项组中的【大纲】按钮，如图 5-22 所示。

第 2 步　进入大纲视图中，可以看到所有段落均为默认的正文文本大纲级别，如图 5-23 所示。

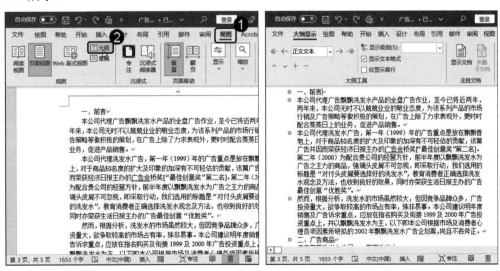

图 5-22　　　　　　　　　　　　　　　　图 5-23

第3步 选中文档的主标题，**1.** 切换到【大纲显示】选项卡，单击【大纲工具】选项组中【大纲级别】右侧的下拉按钮，**2.** 在展开的下拉列表中选择【1 级】选项，如图 5-24 所示。

第4步 设置了主标题的级别后，可以看见段落前的符号改变了，如图 5-25 所示。

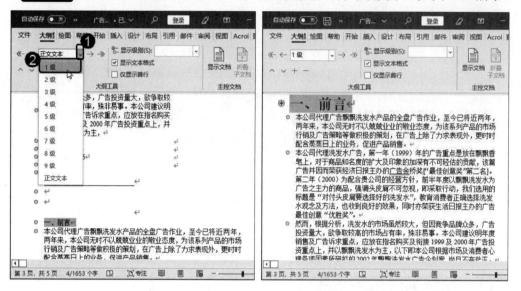

图 5-24　　　　　　　　　　　　　　　图 5-25

第5步 选中"(一)市场大小的变化情况"文本内容，**1.** 单击【大纲工具】选项组中【大纲级别】右侧的下拉按钮，**2.** 在展开的下拉列表中选择【2 级】选项，如图 5-26 所示。

第6步 设置其他小标题的级别为【3 级】，效果如图 5-27 所示。

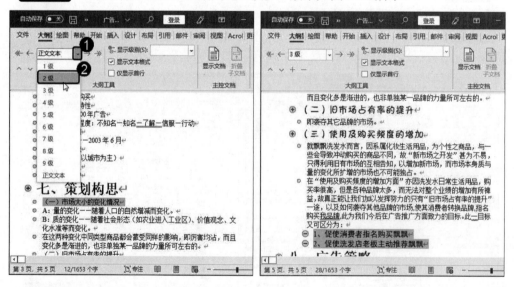

图 5-26　　　　　　　　　　　　　　　图 5-27

第7步 设置大纲级别后，单击【关闭大纲视图】按钮，关闭大纲视图，如图 5-28 所示。

第 8 步　返回到普通视图中，可以看见保留了设置好的段落级别格式，如图 5-29 所示。这样即可完成设置标题的大纲级别的操作。

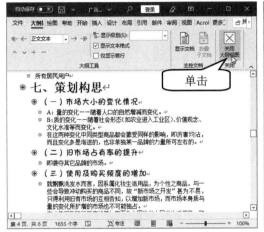

图 5-28

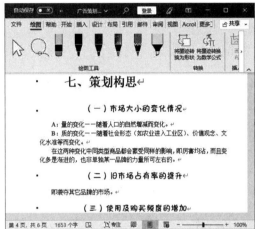

图 5-29

5.3.2　自动生成目录

设置完标题样式后，接下来就可以生成目录了。在插入目录之前，可以通过【导航】窗格查看目录的内容是否完整，然后再选择一个合适的目录样式来自动生成目录。

第 1 步　为了查看文档所有标题的层级结构，可以先打开【导航】窗格。*1.* 切换到【视图】选项卡，*2.* 选中【显示】选项组中的【导航窗格】复选框，如图 5-30 所示。

第 2 步　此时在窗口左侧打开了【导航】窗格，其中显示了文档中所有可以纳入目录的标题，如图 5-31 所示。

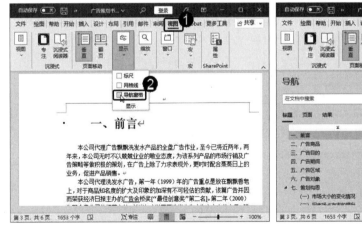

图 5-30

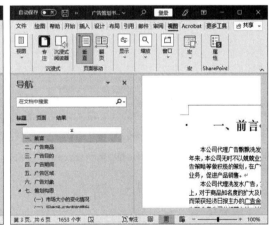

图 5-31

第 3 步　将光标定位在要放置目录的位置，*1.* 切换到【引用】选项卡，*2.* 单击【目录】下拉按钮，*3.* 在展开的目录样式库中选择【自动目录 1】样式，如图 5-32 所示。

第 4 步　此时根据文档的所有标题内容生成了一个目录，如图 5-33 所示。

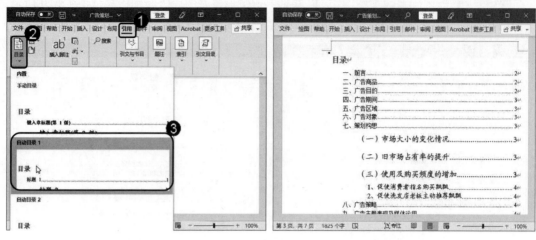

图 5-32　　　　　　　　　　　　　　　　　　图 5-33

5.3.3　更新文档目录

当文档中的标题或页数发生了变化时，就需要更新目录，让目录的内容随着标题或页数的变化而变化。下面详细介绍更新文档目录的操作方法。

第 1 步　打开准备更新的文档，修改标题内容，如图 5-34 所示。

第 2 步　*1.* 选择目录，*2.* 在弹出的浮动工具栏中单击【更新目录】按钮，如图 5-35 所示。

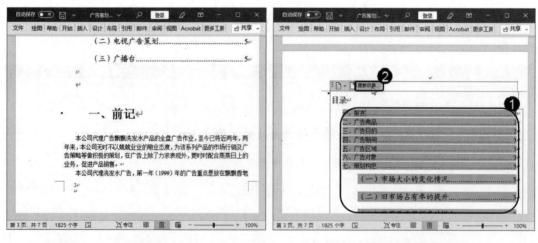

图 5-34　　　　　　　　　　　　　　　　　　图 5-35

第 3 步　弹出【更新目录】对话框，*1.* 选中【更新整个目录】单选按钮，*2.* 单击【确定】按钮，如图 5-36 所示。

第 4 步　此时可以看见目录内容已按照修改后的标题进行了更新，如图 5-37 所示。

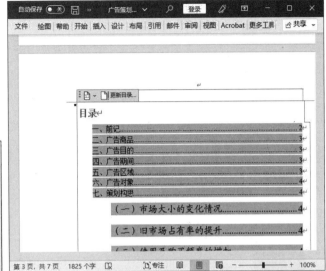

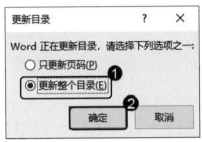

图 5-36　　　　　　　　　　　　图 5-37

　知识精讲

在【更新目录】对话框中，用户可以选择只更新页码或者更新整个目录。如果选择只更新页码就只有页码变动，其他内容不变；如果选择更新整个目录，则整个目录的内容都会更新。

5.3.4　课堂范例——使用脚注和尾注标出引文出处

脚注和尾注都可用于对文档内容进行解释、批注或说明出处等。脚注位于当前页的底部，而尾注位于整个文档的结尾处。本例详细介绍使用脚注和尾注标出引文出处的操作方法。

◀◀ 扫码看视频(本节视频课程时间：39 秒)

 素材保存路径：配套素材\第 5 章
素材文件名称：创业计划书.docx

第 1 步 打开本例的素材文件"创业计划书.docx"，**1.** 将光标定位在"产品"文本内容之后，**2.** 选择【引用】选项卡，**3.** 单击【脚注】选项组中的【插入脚注】按钮，如图 5-38 所示。

第 2 步 此时在本页的底部出现脚注，输入脚注的内容，如图 5-39 所示。

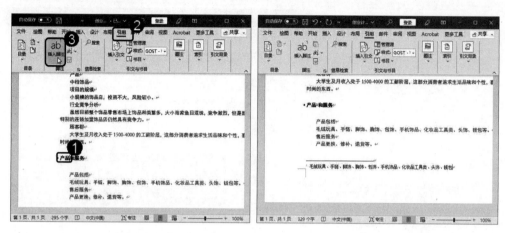

图 5-38   图 5-39

第 3 步 在文档中添加脚注后，**1.** 将光标定位在"服务"文本内容之后，**2.** 单击【脚注】选项组中的【插入尾注】按钮，如图 5-40 所示。

第 4 步 此时在文档的结尾处插入了一个尾注，输入尾注的内容，如图 5-41 所示。

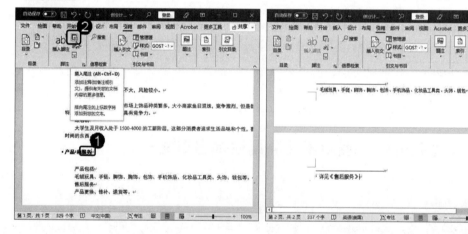

图 5-40   图 5-41

第 5 步 插入了脚注和尾注后，将鼠标指针指向文档中的标号，即可在标号处显示对应的脚注或尾注内容，如图 5-42 所示。

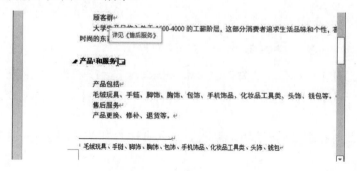

图 5-42

5.4　使用题注为图片自动添加编号

题注是显示在对象下方的文本,用于对对象进行说明。如果需要在文档中插入多张图片,可以利用题注对图片进行自动编号。本节将详细介绍使用题注的相关知识及操作方法。

5.4.1　插入题注

编辑文档时常常需要在图或表下方插入题注,配合文字,以便于读者理解。下面详细介绍插入题注的操作方法。

第1步 打开需要插入题注的文档,**1.** 选择图片,**2.** 选择【引用】选项卡,**3.** 单击【题注】选项组中的【插入题注】按钮,如图 5-43 所示。

第2步 弹出【题注】对话框,单击【新建标签】按钮,如图 5-44 所示。

图 5-43

图 5-44

第3步 弹出【新建标签】对话框,**1.** 在【标签】文本框中输入"插图",**2.** 单击【确定】按钮,如图 5-45 所示。

第4步 返回到【题注】对话框中,此时可以看见题注自动变成了"插图 1",单击【确定】按钮,如图 5-46 所示。

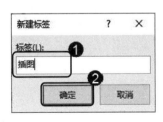

图 5-45

图 5-46

第5步 返回到文档中,此时可以看见在图片的下方显示了题注"插图 1",如图 5-47 所示。

第6步 在文档中插入第二张图片,然后打开【题注】对话框,无须任何设置,直接单击【确定】按钮。返回到文档中,可以看见插入的图片下方自动显示题注"插图 2",如图 5-48 所示。

图 5-47

图 5-48

5.4.2 设置题注的位置

一般情况下,题注会自动放置在所选图片的下方,但是有时会需要让题注位于图片上方。下面详细介绍设置题注位置的操作方法。

第1步 打开插入了题注的文档,*1.* 选择图片,*2.* 选择【引用】选项卡,*3.* 单击【题注】选项组中的【插入题注】按钮,如图 5-49 所示。

第2步 弹出【题注】对话框,*1.* 单击【位置】右侧的下拉按钮,*2.* 在展开的下拉列表中选择【所选项目上方】选项,如图 5-50 所示。

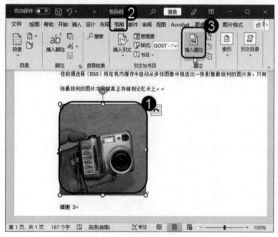

图 5-49

图 5-50

第3步　返回到文档中，此时可以看见在图片的上方显示了题注，如图 5-51 所示。这样即可完成设置题注位置的操作。

图 5-51

智慧锦囊

　　Word 会保存在文档中创建的所有题注标签，如果不再需要使用其中的某个标签，可将其删除。打开【题注】对话框，在【标签】下拉列表框中选择要删除的选项，再单击【删除标签】按钮，然后单击【确定】按钮即可。

5.5　实践案例与上机指导

　　通过本章的学习，读者基本可以掌握 Word 高效办公的基本知识以及一些常见的操作方法。下面通过练习操作，达到巩固学习、拓展提高的目的。

5.5.1　插入分页符

　　分页符是分页的一种符号，用来隔开上一页结束以及下一页开始的位置。在普通视图下，分页符是一条虚线；在页面视图下，分页符是一条黑灰色宽线，单击后变成一条黑线。下面详细介绍插入分页符的操作方法。

◄◄ 扫码看视频(本节视频课程时间：26 秒)

素材保存路径：配套素材\第5章
素材文件名称：广告策划书.docx

第1步　打开本例的素材文件"广告策划书.docx"，将光标定位在准备插入分页符的位置，*1.* 选择【布局】选项卡，*2.* 在【页面设置】选项组中单击【分隔符】下拉按钮，*3.* 在弹出的下拉列表中选择【分页符】选项，如图 5-52 所示。

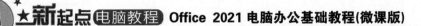

第2步 可以看到在光标定位之前已经插入了一页空白页,如图 5-53 所示。通过以上步骤即可完成插入分页符的操作。

图 5-52　　　　　　　　　　　　　　　图 5-53

5.5.2　添加书签标记查阅位置

　　　　添加书签就是在文档中的某个位置做一个标记,并创建出能够自动跳转到这个位置的超链接。对于内容较多的文档来说,书签显得尤为重要。本例详细介绍添加书签标记查阅位置的操作方法。

◀◀ 扫码看视频(本节视频课程时间:1 分 1 秒)

素材保存路径:配套素材\第 5 章
素材文件名称:借款管理办法.docx

第1步 打开本例的素材文件"借款管理办法.docx",*1.* 选择要设置书签的文本内容,*2.* 选择【插入】选项卡,*3.* 单击【链接】选项组中的【书签】按钮,如图 5-54 所示。

第2步 弹出【书签】对话框,*1.* 在【书签名】文本框中输入书签的名称为"出差借款",*2.* 选中【位置】单选按钮,*3.* 单击【添加】按钮,如图 5-55 所示。

第3步 *1.* 选择第二处要设置书签的文本内容,*2.* 单击【链接】选项组中的【书签】按钮,如图 5-56 所示。

第4步 打开【书签】对话框,在列表框中显示了设置好的第一个书签,*1.* 在【书签名】文本框中输入第二个书签的名称"采购借款",*2.* 选中【位置】单选按钮,*3.* 单击【添加】按钮,如图 5-57 所示。

第5步 采用同样的方法添加第三个书签"个人借款"。如果需要查阅采购借款的具体规定,打开【书签】对话框,*1.* 在列表框中选择【采购借款】选项,*2.* 单击【定位】按钮,如图 5-58 所示。

第6步 此时文档将自动跳转到此书签处,可以很快找到需要查看的内容,如图 5-59 所示。

图 5-54

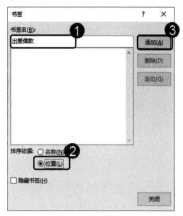

图 5-55

图 5-56

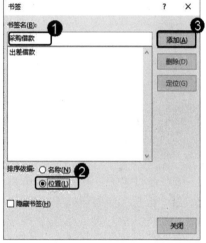

图 5-57

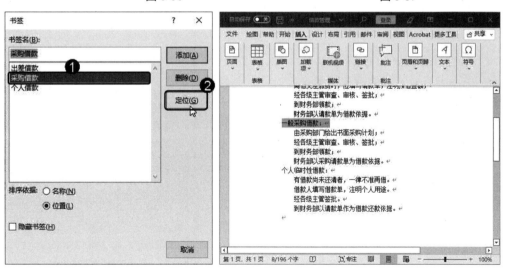

图 5-58

图 5-59

5.6 思考与练习

一、填空题

1. 对于比较重要的文档，在编排完成后最好进行校对和修订，避免错误的产生。在审阅文档时，通过_____功能，文档编辑者可以跟踪多个修订者对文档所进行的修改。

2. 当检查到文档中有错误时，可以在错误的位置插入_____，说明错误的原因或修改建议。

3. _____是每个页面页边距的顶部区域，以图书为例，通常显示书名、章节等信息。_____是每个页面页边距的底部区域，通常显示文档的页码等信息。

4. _____是每一个页面上标明次序的编码或其他数字，用来统计图书的页数，以便于读者检索。

5. 文档创建完成后，若文档中有许多标题，为了便于阅读，这时候就需要有一个_____，以便快速通过标题找到需要查看的内容。

6. 在 Word 中，可以利用文档_____创建文档目录，并根据需要更新目录的内容。

7. 脚注和尾注都可用于对文档内容进行解释、批注或说明出处等。_____位于当前页的底部，而_____位于整个文档的结尾处。

8. _____是分页的一种符号，用来隔开上一页结束以及下一页开始的位置。

二、判断题

1. 借助修订工具，可以看到何人、何时插入或删除了哪些内容。如果多个修订人都更改了文档，就可以知道谁进行了哪些更改，这有助于决定如何集成不一致的编辑操作。
（　　）

2. 对于审阅者做出的修订，用户可选择接受或者拒绝。拒绝修订时将保留审阅者修订后的信息；而接受修订将清除审阅者对文档的修改，保留原有信息。（　　）

3. 在接受或者拒绝修订的过程中既可以一条一条地进行，也可以一次性完成操作。
（　　）

4. 为文档插入静态的页眉和页脚时，插入的页码内容会随页数的变化而自动改变。（　　）

5. 静态页眉与页脚常用于设置一些固定不变的信息内容，如插入时间、日期、页码、单位名称和标识等。（　　）

6. 一般情况下，题注会自动放置在所选图片的下方，但是有时会需要让题注位于图片上方。（　　）

三、思考题

1. 如何添加和删除批注？
2. 如何插入静态页眉和页脚？
3. 如何添加动态页码？

第 6 章

Excel 2021 工作簿与工作表

本章要点

- Excel 基础入门
- 工作簿和工作表的基本操作

本章主要内容

本章主要介绍 Excel 基础入门方面的知识与技巧，同时讲解工作簿和工作表的基本操作。在本章的最后还针对实际的工作需求，讲解保护工作簿、保护工作表、更改工作表数的默认设置的方法。通过本章的学习，读者可以掌握 Excel 2021 工作簿与工作表基础操作方面的知识，为深入学习 Office 2021 知识奠定基础。

6.1　Excel 基础入门

Excel 2021 是微软公司推出的一套功能强大的电子表格处理软件，它可以管理账务，制作报表，对数据进行排序与分析等。启动 Excel 2021 后即可进入 Excel 2021 的工作界面。本节将详细介绍工作簿、工作表和单元格等方面的知识。

工作簿中的每一张表格称为工作表，工作表的集合即组成了一个工作簿。而单元格是工作表中的表格单位，用户通过在工作表中编辑单元格来分析、处理数据。工作簿、工作表与单元格是相互依存的关系，一个工作簿中可以有多个工作表，而一个工作表中又含有多个单元格，三者组合成为 Excel 中最基本的三个元素。工作簿、工作表与单元格在 Excel 2021 中的位置如图 6-1 所示。

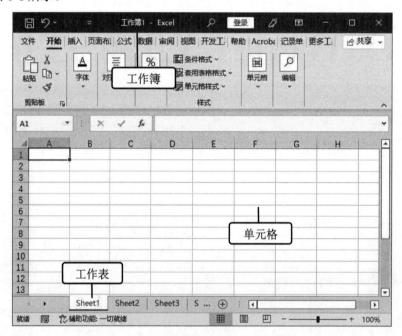

图 6-1

知识精讲

　　工作簿由工作表组成，工作表则由单元格组成。因此，Excel 的基本操作主要是对工作表和单元格的操作。

6.2　工作簿和工作表的基本操作

由于操作与处理 Excel 数据都是在工作簿和工作表中进行的，因此，有必要先了解工作

簿和工作表的常用操作。例如新建与保存工作簿、打开与关闭工作簿、插入工作表、重命名工作表、删除工作表、复制与移动工作表等。

6.2.1　新建与保存工作簿

启动 Excel 2021 时，在初始界面上单击【空白工作簿】图标，系统会自动创建一个空白的工作簿。另外，用户还可以根据自己的实际需要创建新的工作簿。下面介绍新建与保存工作簿的操作方法。

第1步 打开 Excel 2021，选择【文件】选项卡，如图 6-2 所示。

第2步 进入 Backstage 视图，*1.* 选择【新建】选项，*2.* 选择准备应用的表格模板，如【空白工作簿】，如图 6-3 所示。

图 6-2

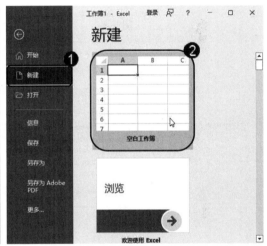

图 6-3

第3步 系统创建了一个名为"工作簿 2"的文档。通过以上步骤即可完成新建工作簿的操作。

第4步 选择【文件】选项卡，如图 6-4 所示。进入 Backstage 视图，*1.* 选择【保存】选项，系统自动跳转到【另存为】选项，*2.* 单击【浏览】按钮，如图 6-5 所示。

第5步 弹出【另存为】对话框，*1.* 选择文档的保存位置，*2.* 在【文件名】文本框中输入名称，*3.* 单击【保存】按钮，即可完成新建与保存工作簿的操作，如图 6-6 所示。

知识精讲

除了通过单击【空白工作簿】图标来创建空白工作簿外，也可以通过按 Ctrl+N 组合键来直接新建空白工作簿。在桌面空白处右击，在弹出的快捷菜单中选择【新建】→【Microsoft Excel 工作表】命令，也可以创建一个空白工作簿。

图 6-4   图 6-5

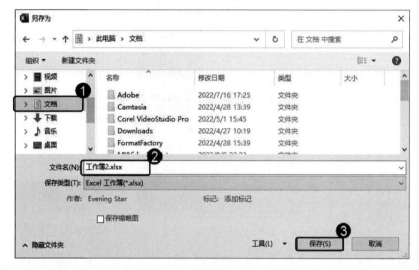

图 6-6

6.2.2 打开与关闭工作簿

如果要对已保存的工作簿进行编辑，就必须先打开该工作簿；对于暂时不再进行编辑的工作簿，可以将其关闭，以释放该工作簿所占用的内存空间。下面介绍打开与关闭工作簿的操作方法。

第 1 步 打开 Excel 2021，选择【文件】选项，如图 6-7 所示。

第 2 步 进入 Backstage 视图，*1.* 选择【打开】选项，*2.* 单击【浏览】按钮，如图 6-8 所示。

第 3 步 弹出【打开】对话框，*1.* 选择文件所在的位置，*2.* 选择准备打开的文档，*3.* 单击【打开】按钮，如图 6-9 所示。

第 4 步 表格已经打开，如图 6-10 所示。通过以上步骤即可完成打开工作簿的操作。

图 6-7

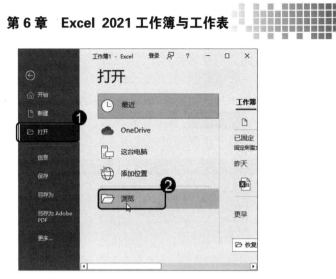

图 6-8

图 6-9

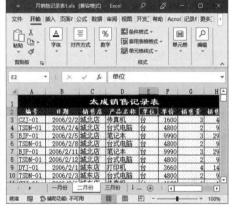

图 6-10

第 5 步　选择【文件】选项卡，进入 Backstage 视图，选择【关闭】选项即可关闭打开的工作簿，如图 6-11 所示。

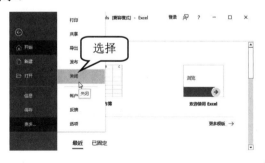

图 6-11

6.2.3　插入工作表

使用 Excel 2021 分析、处理数据时，可以根据个人的需要，在工作簿中插入多个工作表。

下面详细介绍插入工作表的操作方法。

第 1 步 打开 Excel 2021，**1.** 选择【开始】选项卡，**2.** 在【单元格】选项组中单击【插入】下拉按钮，**3.** 在弹出的下拉列表中选择【插入工作表】选项，如图 6-12 所示。

第 2 步 在工作表标签区域可以看到已新插入名为 Sheet5 的工作表，如图 6-13 所示。通过以上步骤即可完成插入工作表的操作。

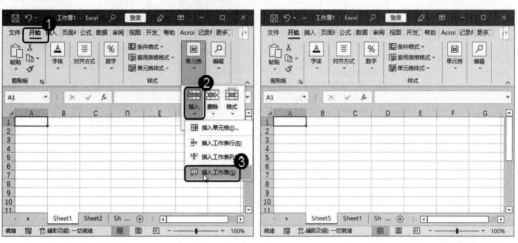

图 6-12　　　　　　　　　　　　　　　图 6-13

6.2.4 重命名工作表

在 Excel 2021 工作簿中，工作表默认的名称为"Sheet+数字"，如 Sheet1、Sheet2、Sheet3 等，用户也可以改变工作表的名称。下面详细介绍改变工作表名称的操作方法。

第 1 步 **1.** 右键单击名为 Sheet5 的工作表标签，**2.** 在弹出的快捷菜单中选择【重命名】命令，如图 6-14 所示。

第 2 步 输入新的工作表名称，如图 6-15 所示。

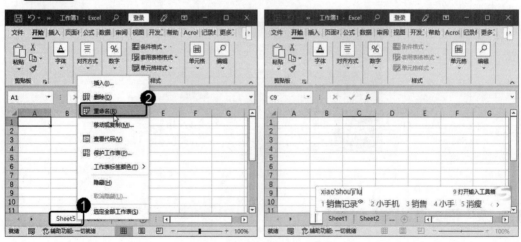

图 6-14　　　　　　　　　　　　　　　图 6-15

第 3 步 输入完成后，单击表格任意位置处即可完成重命名表格的操作，如图 6-16
所示。

图 6-16

6.2.5　课堂范例——删除工作表

在 Excel 2021 工作簿中，若不再需要使用某一个工作表，可以将其
删除，以节省计算机资源。删除工作表的操作既可利用快捷菜单完成，
也可利用功能区中的按钮完成。本例详细介绍删除工作表的相关操作
方法。

◀◀ 扫码看视频(本节视频课程时间：21 秒)

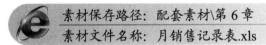

素材保存路径：配套素材\第 6 章
素材文件名称：月销售记录表.xls

第 1 步 打开本例的素材文件"月销售记录表.xls"，**1.** 右键单击名为"一月份"的
工作表标签，**2.** 在弹出的快捷菜单中选择【删除】命令，如图 6-17 所示。

第 2 步 弹出 Microsoft Excel 对话框，单击【删除】按钮，如图 6-18 所示。

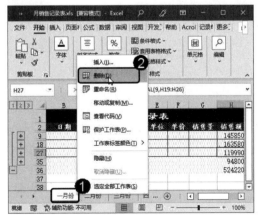

图 6-17

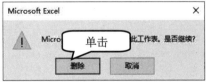

图 6-18

第3步 返回到工作表中，发现名为"一月份"的工作表已被删除，如图 6-19 所示。这样即可完成删除工作表的操作。

图 6-19

6.2.6 课堂范例——复制与移动工作表

在 Excel 2021 中，复制工作表是在原工作表数量的基础上，再创建一个与原工作表有同样内容的工作表；而移动工作表则是在不改变工作表数量的情况下，对工作表的位置进行调整。本例详细介绍复制和移动工作表的相关操作。

◀◀ 扫码看视频(本节视频课程时间：1 分 12 秒)

素材保存路径：配套素材\第 6 章
素材文件名称：月销售记录表.xls

第1步 打开本例的素材文件"月销售记录表.xls"，**1.** 右键单击准备复制的工作表标签"二月份"，**2.** 在弹出的快捷菜单中选择【移动或复制】命令，如图 6-20 所示。

第2步 弹出【移动或复制工作表】对话框，**1.** 在【工作簿】下拉列表框中选择准备复制到的目标工作簿，**2.** 在【下列选定工作表之前】列表框中选择【(移至最后)】选项，**3.** 选中【建立副本】复选框，**4.** 单击【确定】按钮，如图 6-21 所示。

图 6-20   图 6-21

第3步　返回到工作簿中，可以看到已经复制了一个名为"二月份(2)"的工作表放置在所有表格之后，如图 6-22 所示。通过以上步骤即可完成复制工作表的操作。

第4步　*1.* 右键单击准备移动的工作表标签"二月份(2)"，*2.* 在弹出的快捷菜单中选择【移动或复制】命令，如图 6-23 所示。

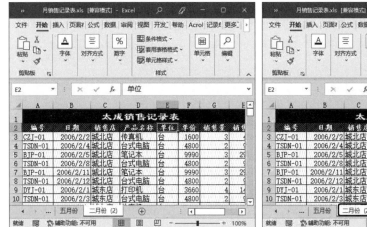

图 6-22

图 6-23

第5步　弹出【移动或复制工作表】对话框，*1.* 在【工作簿】下拉列表框中选择准备移动到的目标工作簿，*2.* 在【下列选定工作表之前】列表框中选择【一月份】选项，*3.* 单击【确定】按钮，如图 6-24 所示。

第6步　返回到工作簿中，可以看到已经将名为"二月份(2)"的表格放置在"一月份"之前，如图 6-25 所示。这样即可完成移动工作表的操作。

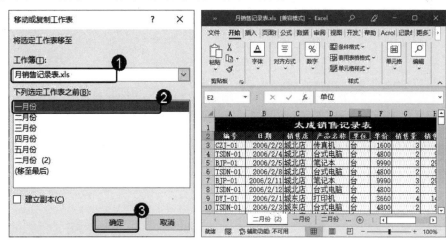

图 6-24　　　　　　　　　　　　　　　图 6-25

6.3 实践案例与上机指导

通过本章的学习，读者基本可以掌握 Excel 2021 工作簿与工作表的基本知识以及一些常见的操作方法。下面通过练习操作，达到巩固学习、拓展提高的目的。

6.3.1 保护工作簿

若要防止其他用户查看隐藏的工作表，添加、移动或隐藏工作表以及重命名工作表，可以使用密码对 Excel 2021 工作簿进行加密。本例详细介绍保护工作簿的相关操作方法。

◀◀ 扫码看视频(本节视频课程时间：28 秒)

素材保存路径：配套素材\第 6 章
素材文件名称：月销售记录表.xls

第 1 步 打开本例的素材文件"月销售记录表.xls"，**1.** 选择【审阅】选项卡，**2.** 在【保护】选项组中单击【保护工作簿】按钮，如图 6-26 所示。

第 2 步 弹出【保护结构和窗口】对话框，**1.** 在【密码】文本框中输入准备保护的工作簿的密码，**2.** 单击【确定】按钮，如图 6-27 所示。

图 6-26

图 6-27

第 3 步 弹出【确认密码】对话框，**1.** 在【重新输入密码】文本框中输入刚输入的密码，**2.** 单击【确定】按钮，如图 6-28 所示。

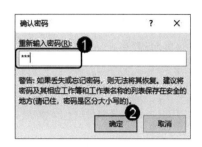

图 6-28

6.3.2 保护工作表

　　除了可以保护整个工作簿之外，用户还可以对工作簿中的任意一个工作表进行保护设置。下面详细介绍保护工作表的方法。

◀◀ 扫码看视频(本节视频课程时间：42 秒)

素材保存路径：配套素材\第 6 章
素材文件名称：月度库存管理表.xls

第 1 步 打开本例的素材文件"月度库存管理表.xls"，*1.* 选择【审阅】选项卡，*2.* 在【保护】选项组中单击【保护工作表】按钮，如图 6-29 所示。

第 2 步 弹出【保护工作表】对话框，*1.* 在【取消工作表保护时使用的密码】文本框中输入密码，*2.* 在【允许此工作表的所有用户进行】列表框中选中可允许操作的复选框，*3.* 单击【确定】按钮，如图 6-30 所示。

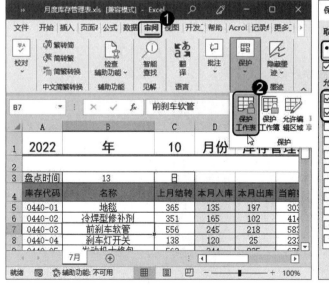

图 6-29

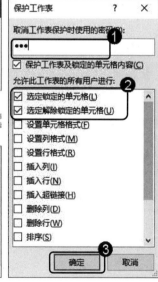

图 6-30

第3步 弹出【确认密码】对话框，**1.** 在【重新输入密码】文本框中输入刚设置的密码，**2.** 单击【确定】按钮，如图 6-31 所示。

第4步 当对工作表进行操作时，即会弹出 Microsoft Excel 提示框，如图 6-32 所示。这样即可完成保护工作表的操作。

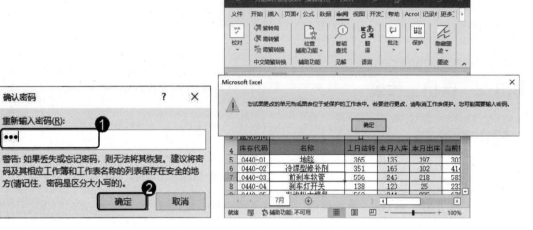

图 6-31　　　　　　　　　　　　　　图 6-32

6.3.3　更改工作表数的默认设置

在 Excel 2021 中，默认打开工作表的数目为 4 个，这往往满足不了用户的需求。虽然手动添加工作表可以达到目的，但这种方法比较麻烦。如果能够更改默认的工作表数目，这个问题便可迎刃而解。下面详细介绍更改工作表数的默认设置的方法。

◀◀ 扫码看视频(本节视频课程时间：40 秒)

第1步 启动 Excel 2021，打开一个工作簿后，选择【文件】选项卡，如图 6-33 所示。

第2步 进入 Backstage 视图，选择【选项】选项，如图 6-34 所示。

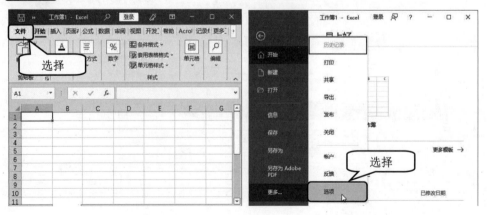

图 6-33　　　　　　　　　　　　　　图 6-34

第 3 步　打开【Excel 选项】对话框，**1.** 选择【常规】选项卡，**2.** 在【新建工作簿时】选项组中找到【包含的工作表数】数值微调框，在这里可根据实际需要设置默认包含的工作表数，这里设置为 6，**3.** 单击【确定】按钮，如图 6-35 所示。

第 4 步　当再新建一个空白工作簿时，此时即可看到系统会自动创建 6 个工作表，如图 6-36 所示。这样即可完成更改工作表数的默认设置。

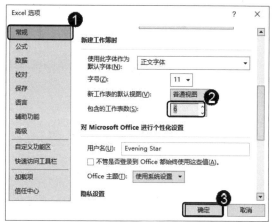

图 6-35

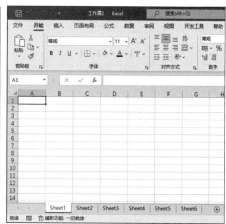

图 6-36

6.4　思考与练习

一、填空题

1. 工作簿中的每一张表格都被称为_____，工作表的集合即组成了一个_____。而单元格是工作表中的表格单位，用户通过在工作表中编辑单元格来分析、处理数据。

2. 工作簿、工作表与单元格是_____与_____的关系，一个工作簿中可以有多个工作表，而一个工作表中又含有多个单元格。

二、判断题

1. 工作簿、工作表与单元格是相互依存的关系，一个工作簿中可以有多个工作表，而一个工作表中又含有多个单元格，三者组合成为 Excel 中最基本的三个元素。　　　（　　）

2. 在 Excel 2021 工作簿中，工作表默认的名称为"Sheet+数字"，如 Sheet1、Sheet2、Sheet3 等，用户也可以改变工作表的名称。　　　（　　）

3. 在 Excel 2021 中，复制工作表是在不改变工作表数量的情况下，对工作表的位置进行调整；而移动工作表则是在原工作表数量的基础上，再创建一个与原工作表有同样内容的工作表。　　　（　　）

三、思考题

1. 如何重命名工作表？

2. 如何更改工作表数的默认设置？

新起点 电脑教程

第 7 章

输入与编辑数据

本章要点

📖 输入数据

📖 编辑表格数据

本章主要内容

本章主要介绍输入数据方面的知识与技巧，同时讲解如何编辑表格数据。在本章的最后还针对实际的工作需求，讲解快速输入特殊符号、输入分数、快捷在多个单元格中输入相同数据、设置会计专用格式的方法。通过本章的学习，读者可以掌握输入与编辑数据基础操作方面的知识，为深入学习 Office 2021 知识奠定基础。

7.1 输 入 数 据

使用 Excel 2021 在日常办公中对数据进行处理时,首先应向工作表中输入各种类型的数据和文本。用户可以根据具体需要向工作表中输入文本、数值、日期与时间及各种专业数据。本节将介绍在 Excel 2021 工作表中输入数据的操作方法。

7.1.1 输入文本

在单元格中输入最多的内容就是文本信息,如输入工作表的标题、图表中的内容等。下面详细介绍输入文本的相关操作方法。

第 1 步 打开 Excel 2021,单击选中 A1 单元格,输入文本,如输入"员工销售业绩",按下空格键输入文本,如图 7-1 所示。

第 2 步 按 Enter 键即可完成在 Excel 2021 中输入文本的操作,如图 7-2 所示。

图 7-1

图 7-2

7.1.2 输入数值

在表格中除了输入文字之外,更多的是输入数字,包括保留"0"在前面或超过 10 位以上的数据等。下面详细介绍输入保留"0"在前面的数值的方法。

第 1 步 选中 A 列单元格,**1.** 选择【开始】选项卡,**2.** 单击【数字】选项组中的【启动器】按钮,如图 7-3 所示。

第 2 步 弹出【设置单元格格式】对话框,**1.** 在【数字】选项卡的【分类】列表框中选择【文本】选项,**2.** 单击【确定】按钮,如图 7-4 所示。

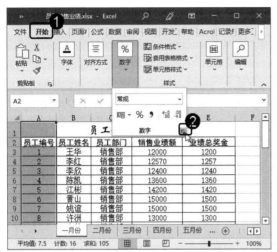

图 7-3

图 7-4

第 3 步 返回到表格中，在 A3 单元格中输入"001"，按 Enter 键，即可完成输入数值的操作，如图 7-5 所示。

图 7-5

知识精讲

在 Excel 2021 中，需要输入负数(如-500)，除了直接在键盘上按减号键再输入数字外，还可按下面的方法输入：选择需要输入负数的单元格，输入带括号的数字[如(500)]，按 Enter 键，此时单元格中即显示负数(如-500)。

7.1.3　输入日期和时间

在单元格中输入日期时，需要在年、月、日之间添加"/"或"-"；在输入时间时，需要在时、分、秒之间添加"："，以便 Excel 识别。当然，还可以在【设置单元格格式】对话框中设置日期或时间的显示方式。

第 1 步 在单元格 A8 中输入日期"2022-10-13"，如图 7-6 所示。

第 2 步 按 Enter 键，单元格 A8 中显示"2022/10/13"。按照以上方法，完成单元格区域 A9:A14 中日期的输入，即可完成输入日期的操作，如图 7-7 所示。

| 图 7-6 | 图 7-7 |

第 3 步 选择单元格 B8 并输入"9:00"，如图 7-8 所示。

第 4 步 按 Enter 键后，在单元格 B8 中显示"9:00"，并且在编辑栏中显示的是"9:00:00"。按照以上方法完成其他单元格内容的输入，即可完成输入时间的操作，如图 7-9 所示。

| 图 7-8 | 图 7-9 |

智慧锦囊

在 Excel 2021 中还可用快捷键输入当前的日期和时间。选择准备输入日期或时间的单元格，按 Ctrl+; 组合键可输入当前日期，按 Ctrl+Shift+; 组合键可输入当前时间。

7.1.4 课堂范例——使用填充柄自动填充数据

自动填充功能是 Excel 的一项特殊功能，利用该功能可以将一些有规律的数据或公式方便、快速地填充到需要的单元格中，从而减少重复操作，提高工作效率。填充柄是位于选定单元格或单元格区域右下方的小黑方块，将鼠标指针指向填充柄，当鼠标指针变为"十"形状时，向下拖动鼠标即可填充数据。本例介绍使用填充柄自动填充数据的方法。

◀◀ 扫码看视频(本节视频课程时间：45 秒)

 素材保存路径：配套素材\第 7 章
素材文件名称：工作时间记录卡.xlsx

1. 快速输入相同数据

如果准备在一行或一列表格中输入相同的数据，那么可以使用填充柄来完成。下面详细介绍快速输入相同数据的操作方法。

第 1 步 打开本例的素材文件"工作时间记录卡.xlsx"，选择准备输入相同数据的单元格，将鼠标指针移动至单元格区域右下角的填充柄上，此时鼠标指针变为"十"形状，如图 7-10 所示。

第 2 步 按住并向下拖动鼠标至准备复制的最后一个单元格，释放鼠标即可完成填充相同数据的操作，如图 7-11 所示。

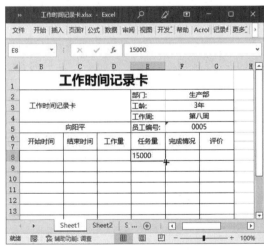

图 7-10　　　　　　　　　　图 7-11

2. 快速输入序列数据

在 Excel 2021 中也可以使用填充柄快速输入序列数据。下面详细介绍快速输入序列数据的操作方法。

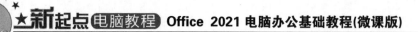
第1步 在准备输入序列数据的两个起始单元格中输入数据内容，如"星期一"和"星期二"，选中这两个单元格，将鼠标指针移动至填充柄上，此时鼠标指针变为"十"形状，如图 7-12 所示。

第2步 单击并向下拖动鼠标至准备拖动到的目标位置，如 A14 单元格，效果如图 7-13 所示。这样即可完成使用填充柄快速输入序列数据的操作。

图 7-12

图 7-13

知识精讲

在登记考勤或其他工作日记录时，需要在日期列输入工作日的日期，若对照日历逐个输入，不仅麻烦，还容易出错。此时可在单元格中输入第一个日期数据，将鼠标指针定位在该单元格的右下角，当鼠标指针变为"十"字形状时，单击并向下拖动至合适的位置后释放鼠标，单击右下角的【自动填充选项】按钮，在展开的下拉列表中选中【以工作日填充】单选按钮，即可在自动填充的日期序列中排除非工作日日期。

7.1.5 课堂范例——自定义序列填充

若 Excel 2021 默认的自动填充功能无法满足用户的需要，用户可以通过对话框自定义填充数据，自定义设置的填充数据可以更加准确、更加快速地帮助用户完成数据录入工作。本例详细介绍自定义序列填充的操作方法。

◀◀ 扫码看视频(本节视频课程时间：59 秒)

素材保存路径：配套素材\第 7 章
素材文件名称：仓库存货表.xlsx

第 1 步 打开本例的素材文件"仓库存货表.xlsx",选择【文件】选项卡,如图 7-14 所示。

第 2 步 进入 Backstage 视图,选择【选项】选项,如图 7-15 所示。

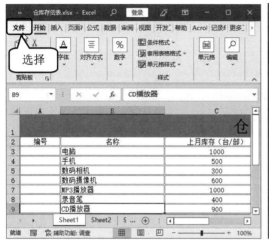

图 7-14　　　　　　　　　　　　　　　　图 7-15

第 3 步 弹出【Excel 选项】对话框,*1.* 选择【高级】选项卡,*2.* 单击【编辑自定义列表】按钮,如图 7-16 所示。

第 4 步 弹出【自定义序列】对话框,*1.* 在【自定义序列】列表框中选择【新序列】列表项,*2.* 在【输入序列】文本框中输入准备设置的序列,如输入"编号 1~编号 7",*3.* 单击【添加】按钮,如图 7-17 所示。

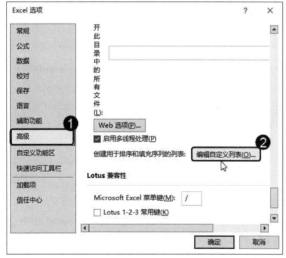
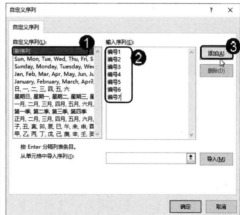

图 7-16　　　　　　　　　　　　　　　　图 7-17

第 5 步 可以看到刚刚输入的新序列被添加到【自定义序列】列表框中,单击【确定】按钮,如图 7-18 所示。

第 6 步 返回到【Excel 选项】对话框,单击【确定】按钮,如图 7-19 所示。

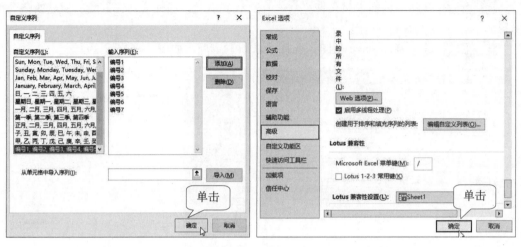

图 7-18   图 7-19

第 7 步 返回到工作表编辑界面，输入自定义设置好的填充内容，选中准备填充内容的单元格区域，并且将鼠标指针移动至填充柄上，如图 7-20 所示。

第 8 步 向下拖动鼠标进行填充，即可完成自定义序列填充的操作，如图 7-21 所示。

图 7-20   图 7-21

 知识精讲

用户还可以在表格中输入等差和等比数列，输入等差和等比数列的方法有两种：一种是使用填充柄先输入前三个数值，然后进行填充；另一种是通过【序列】对话框输入，执行【开始】→【编辑】→【填充】→【序列】命令，即可打开【序列】对话框。

7.2　编辑表格数据

在表格输入的过程中，难免会遇到有数据输入错误或某些内容不符合要求，需要对单元格或其中的数据进行编辑，对不需要的数据进行删除等情况。本节详细介绍在 Excel 2021 中编辑单元格数据的相关知识及操作方法。

7.2.1　修改数据

如果表格中的数据有错误，用户可以对数据进行修改。下面详细介绍修改数据的操作方法。

第 1 步　选中准备修改数据所在的单元格，如 B4 单元格，输入新内容，如图 7-22 所示。

第 2 步　按 Enter 键，即可完成修改数据的操作，如图 7-23 所示。

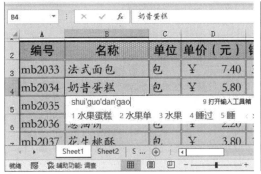
图 7-22

图 7-23

7.2.2　删除数据

如果不再需要表格中的数据，用户可以将数据删除。下面详细介绍删除数据的操作方法。

第 1 步　选中准备删除数据的单元格，如 B5 单元格，按 Delete 键，如图 7-24 所示。

第 2 步　效果如图 7-25 所示。通过以上步骤即可完成删除数据的操作。

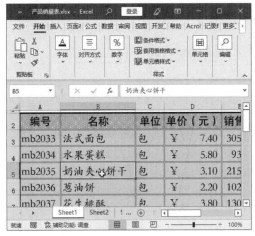
图 7-24

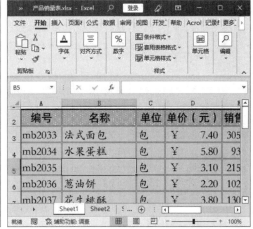
图 7-25

7.2.3　移动表格数据

如果不满意数据放置的位置，可以对数据进行移动操作。下面详细介绍移动表格数据的操作方法。

第1步　选中准备移动数据的单元格区域，如 B1:B6，按 Ctrl+X 组合键进行剪切，被选中表格区域边框呈虚线显示，如图 7-26 所示。

第2步　选中目标单元格，按 Ctrl+V 组合键进行粘贴，如图 7-27 所示。这样即可完成移动表格数据的操作。

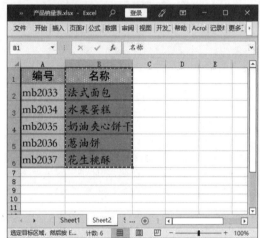 

图 7-26　　　　　　　　　　　　　　　　图 7-27

7.2.4　课堂范例——设置单元格数据有效性

数据有效性即允许在单元格中输入有效数据或值，用户可以设置数据有效性以防止其他用户输入无效数据。当其他用户尝试在单元格中输入无效数据时，系统会发出警告，从而极大地减少了数据处理过程中的错误。下面详细介绍设置单元格数据有效性的操作方法。

◄◄ 扫码看视频(本节视频课程时间：44 秒)

 素材保存路径：配套素材\第 7 章
素材文件名称：每月产品库存.xls

第1步　打开本例的素材文件"每月产品库存.xls"，选中准备设置数据有效性的单元格区域，**1.** 选择【数据】选项卡，**2.** 在【数据工具】选项组中单击【数据验证】下拉按钮，**3.** 在弹出的下拉列表中选择【数据验证】选项，如图 7-28 所示。

第2步　弹出【数据验证】对话框，**1.** 在【设置】选项卡的【允许】下拉列表框中选择【日期】选项，**2.** 在【数据】下拉列表框中选择【介于】选项，**3.** 分别设置【开始日期】

和【结束日期】，*4.* 单击【确定】按钮，如图 7-29 所示。

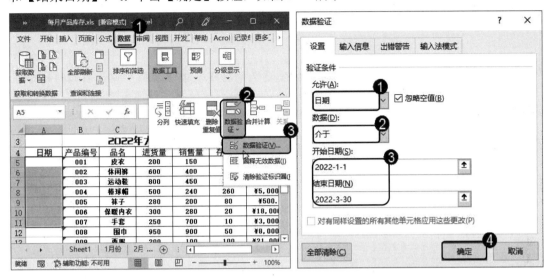

图 7-28　　　　　　　　　　　　　　图 7-29

第 3 步　返回到工作表中，当在设置的单元格区域中输入不符合要求的日期时，系统会弹出提示对话框，如图 7-30 所示。这样即可完成设置数据有效性的操作。

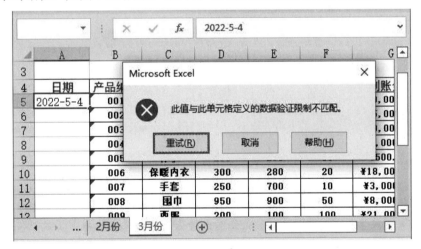

图 7-30

7.3　实践案例与上机指导

通过本章的学习，读者基本可以掌握输入与编辑数据的基本知识以及一些常见的操作方法。下面通过练习操作，达到巩固学习、拓展提高的目的。

新起点 电脑教程 **Office 2021 电脑办公基础教程(微课版)**

7.3.1 快速输入特殊符号

　　符号是具有某种特定意义的标识，能够直接用键盘输入的符号有限。用户可以使用 Excel 2021 中自带的特殊符号库来输入各种各样的特殊符号。本例详细介绍快速输入特殊符号的操作方法。

◀◀ 扫码看视频(本节视频课程时间：28 秒)

素材保存路径：配套素材\第 7 章
素材文件名称：超市食品销量日统计表.xlsx

第 1 步 打开本例的素材文件"超市食品销量日统计表.xlsx"，单击准备输入特殊符号的单元格，*1.* 选择【插入】选项卡，*2.* 在【符号】选项组中单击【符号】按钮，如图 7-31 所示。

第 2 步 弹出【符号】对话框，*1.* 在【符号】选项卡的【字体】下拉列表框中选择 Wingdings 选项，*2.* 在符号库中选择要输入的特殊符号，*3.* 单击【插入】按钮，*4.* 单击【关闭】按钮，如图 7-32 所示。

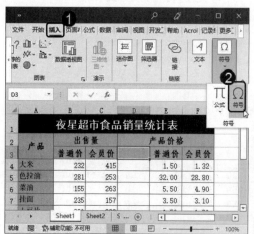

图 7-31

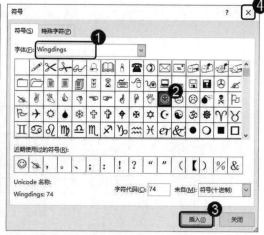

图 7-32

第 3 步 效果如图 7-33 所示。通过以上步骤即可完成输入特殊符号的操作。

图 7-33

132

7.3.2　输入分数

　　分数的格式是"分子/分母"。为了区分分数和日期，在单元格中输入分数时，要在分数前输入"0"和一个空格。本例详细介绍输入分数的操作方法。

◀◀ 扫码看视频(本节视频课程时间：20 秒)

素材保存路径：配套素材\第 7 章
素材文件名称：工作时间记录卡.xlsx

　第 1 步　打开本例的素材文件"工作时间记录卡.xlsx"，选择单元格 F8，依次输入"0 空格 3/5"，如图 7-34 所示。

　第 2 步　按 Enter 键确定输入，再次选择单元格 F8，在编辑栏中以小数"0.6"的形式来显示分数，如图 7-35 所示。

图 7-34　　　　　　　　　　　　　　　　　图 7-35

7.3.3　快捷在多个单元格中输入相同数据

　　如果要在多个连续或不连续的单元格中输入相同数据，有一种比较快捷的方式，即利用 Ctrl+Enter 组合键。本例详细介绍快捷在多个单元格中输入相同数据的操作方法。

◀◀ 扫码看视频(本节视频课程时间：23 秒)

素材保存路径：配套素材\第 7 章
素材文件名称：工作时间记录卡.xlsx

第1步 打开本例的素材文件"工作时间记录卡.xlsx",选择单元格 D8,按住 Ctrl 键,依次单击单元格 D10、D12,在键盘上输入"8",如图 7-36 所示。

第2步 按 Ctrl+Enter 组合键,此时所选单元格中都输入了"8",如图 7-37 所示。这样即可完成快速在多个单元格中输入相同数据的操作。

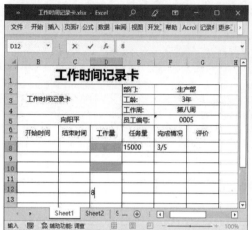

图 7-36

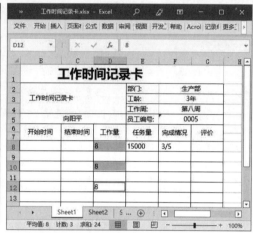

图 7-37

知识精讲

如果输入到数据表中的数据大多带有小数点,为减少操作,希望能自动省略小数点的输入,可利用 Excel 提供的自动插入小数点的功能:在【Excel 选项】对话框的【高级】选项面板中选中【自动插入小数点】复选框,并设置自动插入小数的位数,假设设置为"2",那么当用户预备输入"0.03"时,只需输入"3",按 Enter 键后单元格中就会自动显示"0.03",非常方便。

7.3.4 设置会计专用格式

对于货币、小数、日期等类型的数据,可根据需要设置数字格式。例如,货币类数据可通过设置数字格式快速变更货币符号。在会计工作中应用 Excel 时,须将数据设置为会计专用格式。下面详细介绍设置会计专用格式的操作方法。

◀◀ 扫码看视频(本节视频课程时间:30 秒)

素材保存路径:配套素材\第 7 章
素材文件名称:员工奖金统计表.xlsx

第1步 打开本例的素材文件"员工奖金统计表.xlsx",**1.** 选择单元格区域 I3:I9,**2.** 切换到【开始】选项卡,单击【数字】选项组【会计数字格式】右侧的下拉按钮,**3.** 在展

开的下拉列表中选择【中文(中国)】选项，如图 7-38 所示。

第 2 步 此时可看到所选单元格中的数据已应用了会计专用格式。与货币格式不同的是，会计专用格式不仅会添加相应的货币符号，还会自动对该列数据进行小数点对齐，如图 7-39 所示。

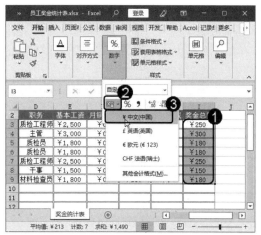

图 7-38

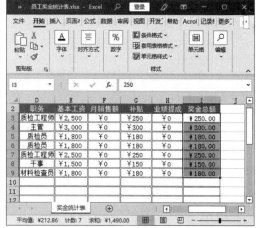

图 7-39

知识精讲

　　Excel 2021 中内置了多种日期格式，如长日期、短日期等。假设当前日期格式为"2022/1/1"，若要将其设置为"2022 年 1 月 1 日"的长日期格式，须选择输入日期的单元格，切换到【开始】选项卡，在【数字】选项组的【数字格式】下拉列表中选择【长日期】选项。

7.4　思考与练习

一、填空题

1.　_____功能是 Excel 的一项特殊功能，利用该功能可以将一些有规律的数据或公式方便、快速地填充到需要的单元格中，从而减少重复操作，提高工作效率。

2.　_____是位于选定单元格或单元格区域右下方的小黑方块，将鼠标指针指向填充柄，当鼠标指针变为"十"形状时，向下拖动鼠标即可填充数据。

3. 在 Excel 2021 中可以使用填充柄快速输入序列数据，首先需在填充区域的_____单元格中输入数据，然后使用填充柄即可完成快速输入序列数据。

4.　_____是允许在单元格中输入有效数据或值，用户可以设置_____以防止其他用户输入无效数据。当其他用户尝试在单元格中输入无效数据时，系统会发出警告，从而极大地减少了数据处理过程中的错误。

二、判断题

1. 在单元格中输入日期时，需要在年、月、日之间添加"/"或"-"；在输入时间时，需要在时、分、秒之间添加":"，以便 Excel 识别。当然，还可以在【设置单元格格式】对话框中设置日期或时间的显示方式。　　　　　　　　　　　　　　　　　　　（　　）

2. 若 Excel 2021 默认的自动填充功能无法满足用户的需要，用户可以通过对话框自定义填充数据，自定义设置的填充数据可以更加准确、更加快速地帮助用户完成数据录入工作。　　　　　　　　　　　　　　　　　　　　　　　　　　　　　　　　（　　）

3. 分数的格式是"分子/分母"。为了区分分数和日期，在单元格中输入分数时，要在分数前输入"0"和一个回车。　　　　　　　　　　　　　　　　　　　　　　（　　）

4. 如果要在多个连续或不连续的单元格中输入相同数据，有一种比较快捷的方式，即利用 Ctrl+Enter 组合键。　　　　　　　　　　　　　　　　　　　　　　　　（　　）

三、思考题

1. 如何输入日期和时间？

2. 如何移动表格数据？

新起点
电脑教程

第 8 章

定制和美化工作表

本章要点

- 📖 设置工作表
- 📖 编辑单元格
- 📖 美化工作表

本章主要内容

本章主要介绍设置工作表、编辑单元格方面的知识与技巧，同时讲解如何美化工作表。在本章的最后还针对实际的工作需求，讲解插入图标、批注的方法。通过本章的学习，读者可以掌握定制和美化工作表基础操作方面的知识，为深入学习 Office 2021 知识奠定基础。

8.1 设置工作表

完成工作表内容的输入和编辑后，即可对工作表进行相关设置，从而丰富、美化工作表的外观。本节将详细介绍设置工作表的相关知识及操作方法。

8.1.1 为工作表标签设置颜色

为工作表标签设置颜色便于查找所需要的工作表,同时还可以将不同类的工作表标签设置成不同颜色以便区分。下面详细介绍设置工作表标签颜色的操作方法。

第1步 *1.* 右键单击准备更改颜色的工作表标签,如"员工考勤表", *2.* 在弹出的快捷菜单中选择【工作表标签颜色】命令, *3.* 在弹出的颜色库中选择一种颜色,如图 8-1 所示。

第2步 可以看到选中的工作表标签颜色已经更改,如图 8-2 所示。通过以上步骤即可完成更改工作表标签颜色的操作。

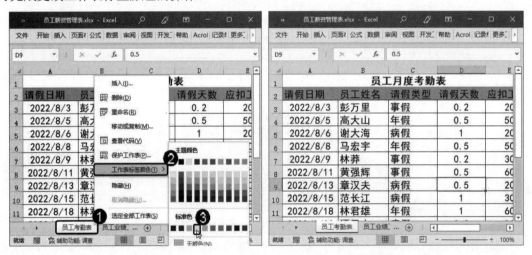

图 8-1　　　　　　　　　　　　图 8-2

8.1.2 隐藏和取消隐藏工作表

在 Excel 2021 工作簿中,用户不但可以更改工作表的标签颜色,还可以对不想让别人看到的工作表进行隐藏和取消隐藏的操作。下面详细介绍隐藏和取消隐藏工作表的操作方法。

第1步 *1.* 右键单击准备隐藏的工作表标签,如"员工业绩工资表", *2.* 在弹出的快捷菜单中选择【隐藏】命令,如图 8-3 所示。

第2步 可以看到选择的工作表已隐藏,如图 8-4 所示。这样即可完成隐藏工作表的操作。

图 8-3   图 8-4

第3步 **1.** 右键单击任意一个工作表标签，**2.** 在弹出的快捷菜单中选择【取消隐藏】命令，如图 8-5 所示。

第4步 弹出【取消隐藏】对话框，**1.** 选择取消隐藏的工作表，**2.** 单击【确定】按钮，如图 8-6 所示。

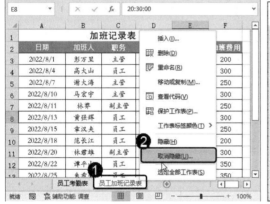

图 8-5

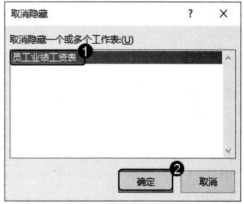

图 8-6

第5步 可以看到隐藏的工作表已显示，如图 8-7 所示。这样即可完成取消隐藏工作表的操作。

图 8-7

8.1.3 添加表格边框

在 Excel 2021 工作表中，用户可以根据需要设置表格的边框。下面详细介绍设置表格边框的操作方法。

第1步 选中准备添加边框的单元格区域，**1.** 选择【开始】选项卡，**2.** 在【单元格】选项组中单击【格式】下拉按钮，**3.** 在弹出的下拉列表中选择【设置单元格格式】选项，如图 8-8 所示。

第2步 弹出【设置单元格格式】对话框，**1.** 选择【边框】选项卡，**2.** 在【样式】区域中选择一种边框线样式，**3.** 选择一种颜色，**4.** 在【预置】区域中单击【外边框】和【内部】按钮，**5.** 单击【确定】按钮，如图 8-9 所示。

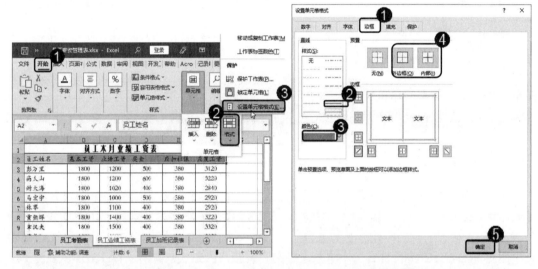

图 8-8   图 8-9

第3步 返回到工作表中，可以看到选中的单元格区域已添加了边框效果，如图 8-10 所示。这样即可完成设置表格边框的操作。

	A	B	C	D	E	F	G
1	员工本月业绩工资表						
2	员工姓名	基本工资	业绩工资	奖金	应扣社保	应发工资	
3	彭万里	1800	1200	500	380	3120	
4	高大山	1800	1200	600	380	3220	
5	谢大海	1800	1020	400	380	2840	
6	马宏宇	1800	1000	500	380	2920	
7	林莽	1800	1100	400	380	2920	
8	黄强辉	1800	1400	400	380	3220	
9	章汉夫	1800	1500	400	380	3320	

员工考勤表   员工业绩工资表   员工加班记录表

图 8-10

8.1.4　课堂范例——拆分和冻结工作表

　　在 Excel 2021 中，用户可以拆分和冻结工作表。拆分工作表可以方便同一表格的某一块和另一块的对比；冻结工作表是指用户为了方便查看和浏览，把一些单元格和标题固定住。本例详细介绍拆分和冻结工作表的操作方法。

◀◀ 扫码看视频(本节视频课程时间：38 秒)

 素材保存路径：配套素材\第 8 章
　　素材文件名称：员工薪资管理表.xlsx

第 1 步　打开本例的素材文件"员工薪资管理表.xlsx"，选中准备拆分的单元格区域，**1.** 选择【视图】选项卡，**2.** 在【窗口】选项组中单击【拆分】按钮，如图 8-11 所示。
　　第 2 步　表格中出现拆分线，如图 8-12 所示。通过以上步骤即可将表格按照选中单元格区域进行拆分。

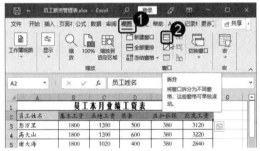

图 8-11

图 8-12

　　第 3 步　**1.** 选择【视图】选项卡，**2.** 在【窗口】选项组中单击【冻结窗格】下拉按钮，**3.** 在弹出的下拉列表中选择【冻结窗格】选项，如图 8-13 所示。
　　第 4 步　这样在滚动工作表其余部分时，将保持选中的行和列始终可见，如图 8-14 所示。通过以上步骤即可完成冻结表格的操作。

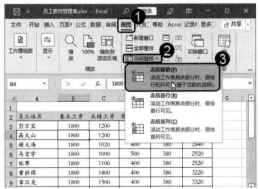

图 8-13

图 8-14

8.2　编辑单元格

工作表中每个行、每个列交叉就形成一个单元格，它是存放数据的最小单位。在制作和完善表格的过程中，会进行合并和拆分单元格、设置行高和列宽、插入和删除行与列等操作。本节将详细介绍编辑单元格的相关方法。

8.2.1　合并和拆分单元格

当单元格不能容纳较长的文本或数据时，可将同一行或同一列的几个单元格合并为一个单元格。Excel 2021 提供了三种合并方式，分别是【合并后居中】、【跨越合并】、【合并单元格】。不同的合并方式能达到不同的合并效果，其中以【合并后居中】最为常用。将单元格合并后，如果准备将其还原为原有的单元格数量，可以通过拆分单元格功能还原单元格。下面详细介绍合并和拆分单元格的操作方法。

第 1 步　选中准备合并的单元格区域，**1.** 选择【开始】选项卡，**2.** 在【对齐方式】选项组中单击【合并后居中】按钮，如图 8-15 所示。

第 2 步　此时单元格区域 A1:F1 就合并为一个单元格,其中的文本居中显示,如图 8-16所示。这样即可完成合并单元格的操作。

图 8-15

图 8-16

第 3 步　选中准备拆分的单元格，**1.** 选择【开始】选项卡，**2.** 在【对齐方式】选项组中单击【合并后居中】下拉按钮，**3.** 在弹出的下拉列表中选择【取消单元格合并】选项，如图 8-17 所示。

第 4 步　效果如图 8-18 所示。通过以上步骤即可完成拆分单元格的操作。

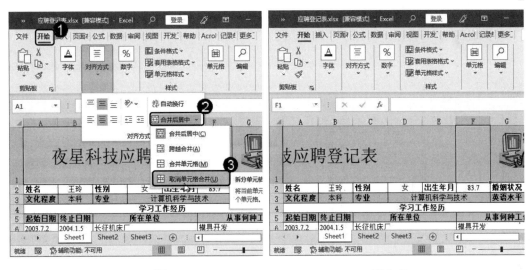

图 8-17　　　　　　　　　　　　　　图 8-18

8.2.2　设置行高和列宽

在 Excel 2021 工作表中，当单元格的高度和宽度不足以显示整个数据时，那么可以通过设置行高和列宽的操作完整显示数据。下面详细介绍设置行高和列宽的操作方法。

第 1 步 选择准备设置行高的单元格区域，*1.* 选择【开始】选项卡，*2.* 在【单元格】选项组中单击【格式】下拉按钮，*3.* 在弹出的下拉列表中选择【行高】选项，如图 8-19 所示。

第 2 步 弹出【行高】对话框，*1.* 在【行高】文本框中输入行高的值，如"25"，*2.* 单击【确定】按钮，如图 8-20 所示。

图 8-19

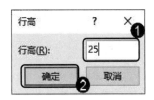

图 8-20

第3步 通过以上步骤即可完成设置单元格行高的操作，效果如图8-21所示。

第4步 选择准备设置列宽的单元格区域，**1.** 选择【开始】选项卡，**2.** 在【单元格】选项组中单击【格式】下拉按钮，**3.** 在弹出的下拉列表中选择【列宽】选项，如图8-22所示。

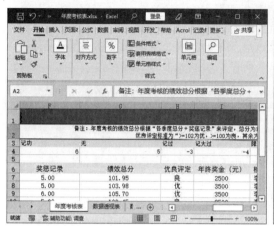

图 8-21

图 8-22

第5步 弹出【列宽】对话框，**1.** 在【列宽】文本框中输入列宽的值，如"10"，**2.** 单击【确定】按钮，如图8-23所示。

第6步 可以看到选中单元格区域的列宽已被改变，如图8-24所示。这样即可完成设置单元格列宽的操作。

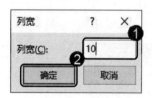

图 8-23

图 8-24

智慧锦囊

　　选择需调整列宽的单元格区域，单击【单元格】选项组中的【格式】下拉按钮，在展开的下拉列表中选择【自动调整列宽】选项，即可自动调整列宽。

8.2.3　插入和删除行与列

1. 插入行与列

一个工作表创建之后并不是固定不变的，用户可以根据实际情况重新设置工作表的结构。例如，根据实际情况插入行或列，以满足使用需求。

右键单击要插入行所在的行号，在弹出的快捷菜单中选择【插入】命令，插入完成后将在选中行上方插入一整行空白单元格，如图 8-25 和图 8-26 所示。

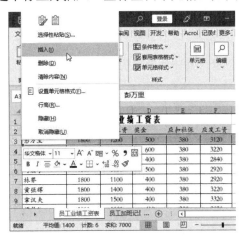

图 8-25

图 8-26

右键单击某个列标，在弹出的快捷菜单中选择【插入】命令，可以在选中列的左侧插入一整列空白单元格，如图 8-27 和图 8-28 所示。

图 8-27

图 8-28

用户还可以通过功能区中的按钮插入行或列。选中一个单元格，在【开始】选项卡的【单元格】选项组中单击【插入】下拉按钮，在弹出的下拉列表中选择【插入工作表行】或【插入工作表列】选项即可，如图 8-29 所示。

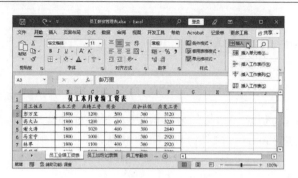

图 8-29

2. 删除行与列

在 Excel 2021 中，除了可以插入行或列，还可以根据实际需要删除行或列。删除行或列的方法主要有以下两种。

(1) 选中要删除的行或列，单击鼠标右键，在弹出的快捷菜单中选择【删除】命令，如图 8-30 所示。

(2) 选中要删除的行或列，在【开始】选项卡的【单元格】选项组中，单击【删除】下拉按钮，在弹出的下拉列表中选择【删除工作表行】或【删除工作表列】选项即可，如图 8-31 所示。

图 8-30

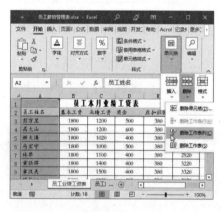

图 8-31

8.2.4 课堂范例——将较长数据换行显示

如果单元格中的文本内容太长，想要换行显示，有两种方法可以实现：一种是在【对齐方式】选项组中单击【自动换行】按钮；另一种是强制换行。本例详细介绍将较长数据换行显示的操作方法。

◀◀ 扫码看视频(本节视频课程时间：27 秒)

素材保存路径: 配套素材\第 8 章

素材文件名称: 办公用具折旧值.xlsx

1. 通过功能区中的按钮换行

第 1 步　打开本例的素材文件"办公用具折旧值.xlsx"，选中准备换行显示的单元格，**1.** 选择【开始】选项卡，**2.** 在【对齐方式】选项组中单击【自动换行】按钮，如图 8-32 所示。

第 2 步　可以看到选中的单元格内容已换行显示，如图 8-33 所示。

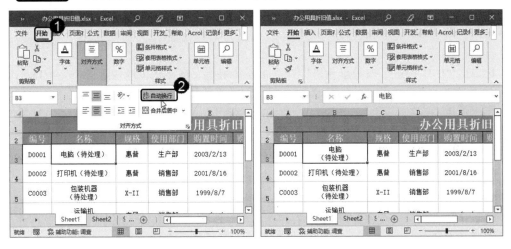

图 8-32　　　　　　　　　　　　　　　图 8-33

2. 强制换行

第 1 步　选中准备换行显示的单元格，将光标定位在需要换行的文本前，如图 8-34 所示。

第 2 步　按 Alt+Enter 组合键，光标后的文本便会强制换到下一行显示，如图 8-35 所示。

图 8-34　　　　　　　　　　　　　　　图 8-35

[147

8.3　美化工作表

完成工作表内容的输入后，可通过套用单元格样式、表格格式或自定义单元格样式来创建更加美观的工作表。本节将详细介绍美化工作表的相关知识及操作方法。

8.3.1　套用单元格样式

Excel 2021 中预设了多种单元格样式，通过套用单元格样式可以快速获得专业的外观效果，省去了手动设置的麻烦。下面详细介绍套用单元格样式的操作方法。

第 1 步　选择准备套用单元格样式的单元格区域，**1.** 选择【开始】选项卡，**2.** 在【样式】选项组中单击【单元格样式】下拉按钮，**3.** 在展开的样式库中选择【主题单元格样式】区域下方的一个样式，如图 8-36 所示。

第 2 步　此时所选单元格区域就应用了选择的单元格样式，效果如图 8-37 所示。

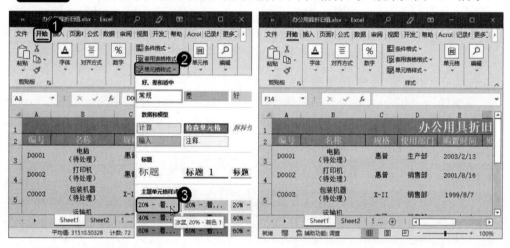

图 8-36　　　　　　　　　　　　　　　　图 8-37

知识精讲

单元格样式的种类比较多，但经常使用的比较少，因此，可以将其添加到快速访问工具栏中，以便于快速使用。右击要使用的单元格样式，在弹出的快捷菜单中选择【添加到快速访问工具栏】命令即可。

8.3.2　套用表格格式

利用 Excel 2021 内置的表格格式能将表格快速格式化，创建出漂亮的表格。下面详细介绍套用表格样式的操作方法。

第1步 选择准备套用表格格式的单元格区域，**1.** 选择【开始】选项卡，**2.** 在【样式】选项组中单击【套用表格格式】下拉按钮，**3.** 在展开的下拉列表中选择样式，如图 8-38 所示。

第2步 弹出【创建表】对话框，**1.** 选中【表包含标题】复选框，**2.** 单击【确定】按钮，如图 8-39 所示。

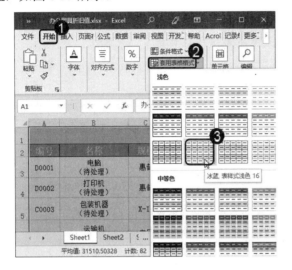

图 8-38

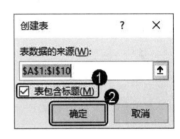

图 8-39

第3步 返回工作表，此时所选单元格区域就套用了所选的表格格式，如图 8-40 所示。

图 8-40

8.3.3 课堂范例——自定义单元格样式

除了套用 Excel 2021 中预设的单元格样式外，还可以根据需要自定义单元格样式。本例详细介绍自定义单元格样式的操作方法。

◀◀ 扫码看视频(本节视频课程时间：1 分 2 秒)

 素材保存路径：配套素材\第 8 章
素材文件名称：商品库存统计表.xlsx

第1步 打开本例的素材文件"商品库存统计表.xlsx"，**1.** 选择【开始】选项卡，**2.** 在【样式】选项组中单击【单元格样式】下拉按钮，**3.** 在展开的下拉列表中选择【新建单元格样式】选项，如图 8-41 所示。

第2步 弹出【样式】对话框，**1.** 在【样式名】文本框中输入"自定义样式1"，**2.** 取消选中【数字】复选框，**3.** 单击【格式】按钮，如图 8-42 所示。

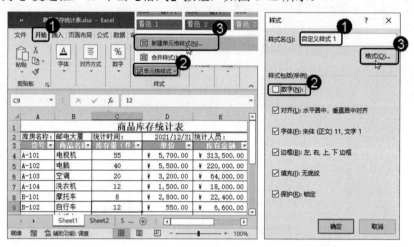

图 8-41   图 8-42

第3步 弹出【设置单元格格式】对话框，**1.** 选择【字体】选项卡，**2.** 将【字体】、【字形】、【字号】分别设置为【黑体】、【加粗】、12，**3.** 设置【下划线】为【双下划线】，如图 8-43 所示。

第4步 **1.** 选择【填充】选项卡，**2.** 在【背景色】下选择橙色，**3.** 依次单击【确定】按钮，如图 8-44 所示。

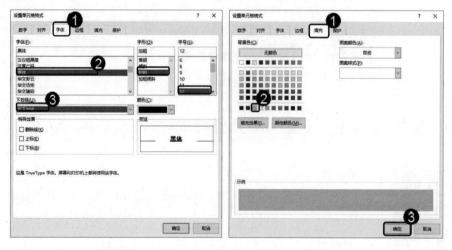

图 8-43   图 8-44

第5步 选择单元格区域 A2:F2，**1.** 选择【开始】选项卡，**2.** 在【样式】选项组中单击【单元格样式】下拉按钮，**3.** 在展开的样式库中选择一个自定义样式，如图 8-45 所示。

第6步 此时所选单元格区域就应用了自定义的单元格样式，最终效果如图 8-46 所示。

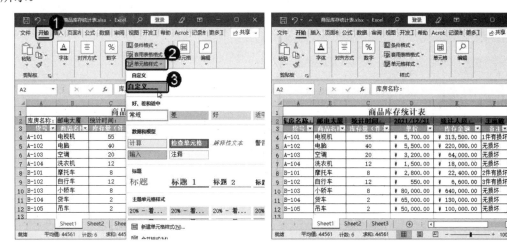

| 图 8-45 | 图 8-46 |

智慧锦囊

除了可以在【设置单元格格式】对话框和【数字】选项组中进行数字格式的设置以外，还可以直接使用【单元格样式】下拉列表中的【数字格式】选项进行设置。

8.4 实践案例与上机指导

通过本章的学习，读者基本可以掌握定制和美化工作表的基本知识以及一些常见的操作方法。下面通过练习操作，达到巩固学习、拓展提高的目的。

8.4.1 插入图标

图标是具有指代意义、起标识作用的图形符号。它能高度浓缩并快捷传达信息，且便于记忆，通用性强。在工作表中添加合适的图标，可以让表格看起来更加形象、具体。Excel 2021 新增了丰富的图标库，让用户可以方便、快捷地在工作表中插入图标。下面介绍插入图标的操作方法。

◀◀ 扫码看视频(本节视频课程时间：32 秒)

素材保存路径：配套素材\第 8 章
素材文件名称：采购记录表.xls

第1步 打开本例的素材文件"采购记录表.xls"，*1.* 选择【插入】选项卡，*2.* 在【插图】选项组中单击【图标】按钮，如图 8-47 所示。

第2步 弹出图标库，在文本框中输入准备使用的图标关键词，并按 Enter 键，如图 8-48 所示。

图 8-47

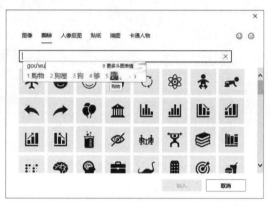

图 8-48

第3步 即可搜索出该类图标，*1.* 选择要插入的图标，*2.* 单击【插入】按钮，如图 8-49 所示。

第4步 返回到文档中，可以看到选择的图标已被插入，调整图标的大小至合适的位置，这样即可完成插入图标的操作，如图 8-50 所示。

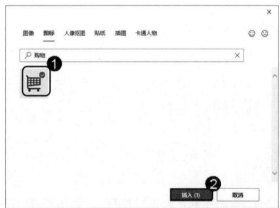

图 8-49

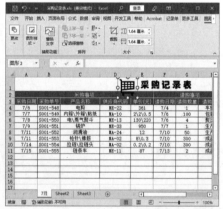

图 8-50

8.4.2 插入批注

批注是对单元格内容进行解释说明的辅助信息。在看数据的时候，可能会发现很多问题，也可能需要做个标记以防忘记。这时就需要对某一项做一个批注。下面详细介绍插入批注的操作方法。

◀◀ 扫码看视频(本节视频课程时间：26 秒)

素材保存路径：配套素材\第 8 章

素材文件名称：成绩统计表.xlsx

第 1 步 打开本例的素材文件“成绩统计表.xlsx”，选中准备设置批注的单元格，***1.*** 选择【审阅】选项卡，***2.*** 在【批注】选项组中单击【新建批注】按钮，如图 8-51 所示。

第 2 步 弹出批注文本框，在其中输入批注内容，如图 8-52 所示。

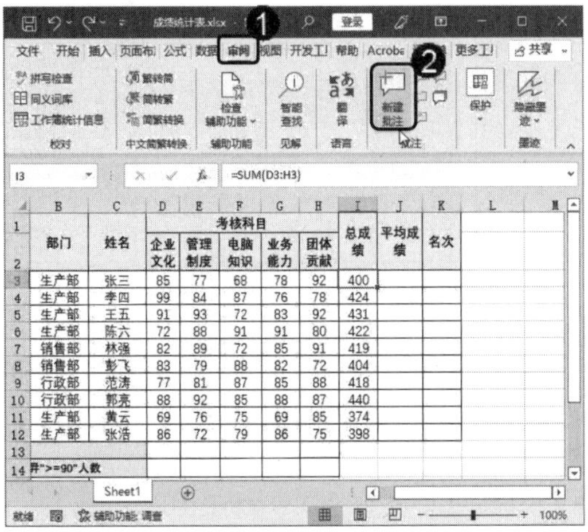

图 8-51

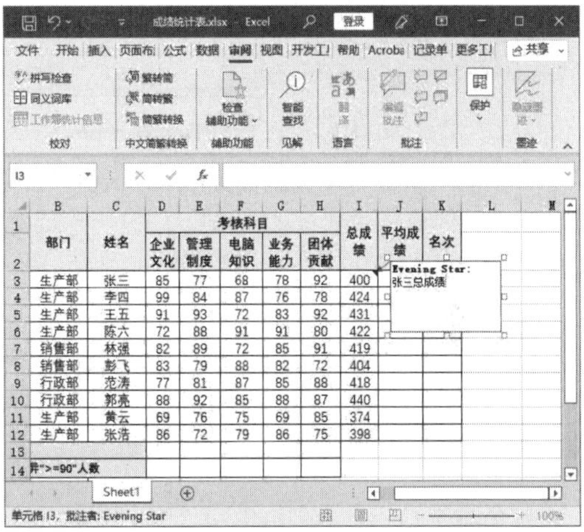

图 8-52

第 3 步 单击任意单元格完成输入，此时被批注的单元格右上角出现红色三角形标记，如图 8-53 所示。

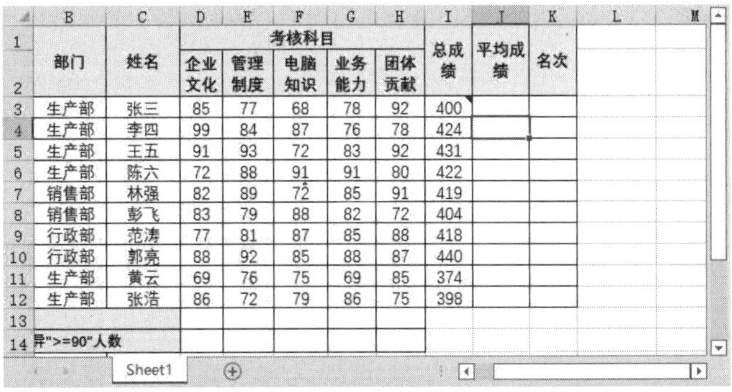

部门	姓名	考核科目					总成绩	平均成绩	名次
		企业文化	管理制度	电脑知识	业务能力	团体贡献			
生产部	张三	85	77	68	78	92	400		
生产部	李四	99	84	87	76	78	424		
生产部	王五	91	93	72	83	92	431		
生产部	陈六	72	88	91	91	80	422		
销售部	林强	82	89	72	85	91	419		
销售部	彭飞	83	79	88	82	72	404		
行政部	范涛	77	81	87	85	88	418		
行政部	郭亮	88	92	85	88	87	440		
生产部	黄云	69	76	75	69	85	374		
生产部	张浩	86	72	79	86	75	398		
异">=90"人数									

图 8-53

8.5 思考与练习

一、填空题

1. ________可以方便同一表格的某一块和另一块的对比；________是指用户为了方便查看和浏览，把一些单元格和标题固定住。

2. 当单元格不能容纳较长的文本或数据时，可将同一行或同一列的几个单元格合并为一个单元格。Excel 2021 提供了三种合并方式，分别是【合并后居中】、【_____】、【合并单元格】。不同的合并方式能达到不同的合并效果，其中以【_____】最为常用。

二、判断题

1. 为工作表标签设置颜色便于查找所需要的工作表，同时还可以将不同类的工作表标签设置成不同颜色以便区分。 （ ）

2. 工作表中每个行、每个列交叉就形成一个工作表，它是存放数据的最小单位。 （ ）

3. 一个工作表创建之后并不是固定不变的，用户可以根据实际情况重新设置工作表的结构。例如，根据实际情况插入行或列，以满足使用需求。 （ ）

4. 将单元格合并后，如果准备将其还原为原有的单元格数量，可以通过拆分单元格功能还原单元格。 （ ）

三、思考题

1. 如何为工作表标签设置颜色？
2. 如何套用表格格式？

新起点
电脑教程

第 9 章

公式与函数的应用

本章要点

- 引用单元格
- 认识与使用公式
- 认识与输入函数
- 常见函数的应用

本章主要内容

本章主要介绍引用单元格、认识与使用公式、认识与输入函数方面的知识和技巧，同时讲解如何应用常见的函数。在本章的最后还针对实际的工作需求，讲解定义公式名称、查看公式求值、追踪引用单元格、在公式中使用名称计算的方法。通过本章的学习，读者可以掌握公式与函数基础操作方面的知识，为深入学习 Office 2021 知识奠定基础。

9.1 引用单元格

单元格引用的作用在于标识工作表中的单元格或单元格区域,作为公式中使用的运算数或函数的参数。本节主要介绍单元格引用样式、相对引用、绝对引用和混合引用的相关知识,以及在同一工作簿中引用单元格的方法和跨工作簿引用单元格的方法。

9.1.1 A1 引用样式和 R1C1 引用样式

根据表示方法的不同,单元格引用可以分为 A1 引用样式和 R1C1 引用样式。

1. A1 引用样式

在默认情况下,Excel 使用 A1 引用样式,即用字母 A～XFD 表示列标,用数字 1～1048576 表示行号。单元格的地址由列标和行号组成。例如,位于第 C 列和第 7 行交叉处的单元格,其单元格地址为 C7。

在引用单元格区域时,使用引用运算符 ":" (冒号)表示左上角单元格和右下角单元格的坐标相连。比如,引用第 B 列第 5 行至第 F 列第 9 行之间的所有单元格组成的矩形区域,单元格地址为 B5:F9。

2. R1C1 引用样式

在 R1C1 引用样式中,Excel 的行标和列号都将用数字来表示。比如,选择第 2 行第 3 列交叉处的单元格,Excel 名称框中显示 "R2C3",其中,字母 "R" 是行的英文首字母(row),字母 "C" 是列的英文首字母(column)。

要启用 R1C1 引用样式,方法为:选择【文件】选项卡,在打开的 Backstage 视图中选择【选项】选项,打开【Excel 选项】对话框,在【公式】选项面板的【使用公式】区域中选中【R1C1 引用样式】复选框,单击【确定】按钮即可,如图 9-1 所示。

图 9-1

9.1.2 相对引用、绝对引用和混合引用

单元格的引用通常分为相对引用、绝对引用和混合引用。默认情况下，Excel 2021 使用的是相对引用。

1. 相对引用

相对引用是指引用的单元格的位置是相对的。如果公式所在单元格的位置发生改变，引用也随之改变。如果使用填充柄进行多行或多列复制，引用会自动进行调整。

例如，将 J3 单元格中的公式"=SUM(D3:H3)"通过 Ctrl+C 和 Ctrl+V 组合键复制到 J4 单元格中，可以看到 J4 单元格中的公式更新为"=SUM(D4:H4)"，其引用指向了与当前公式位置相对应的单元格，如图 9-2 所示。

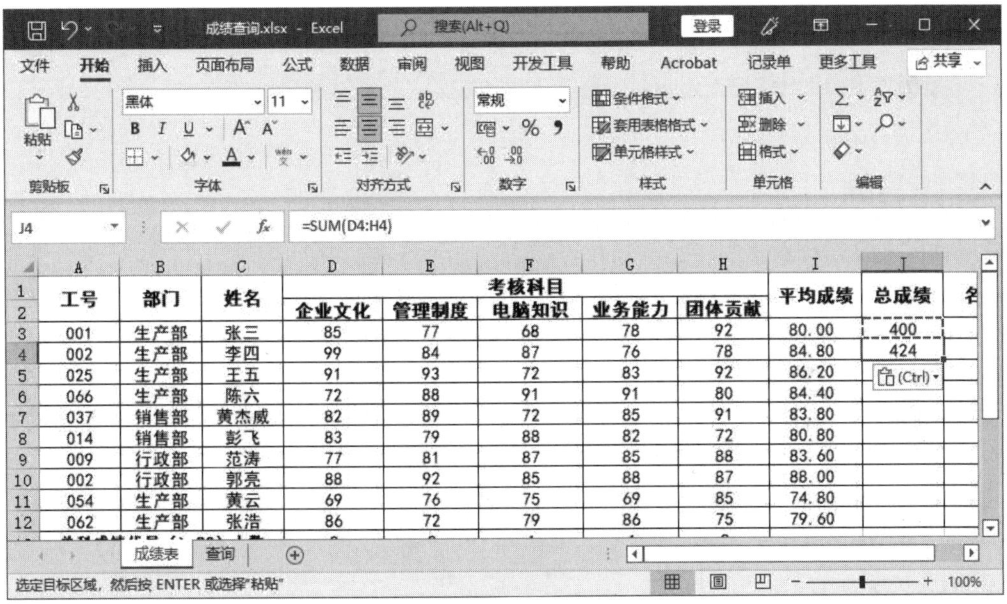

图 9-2

2. 绝对引用

对于使用了绝对引用的公式，被复制或移动到新位置后，公式中引用的单元格地址保持不变。需要注意的是，在使用绝对引用时，应在被引用单元格的行号和列标之前分别添加符号"$"。

例如，在 J3 单元格中输入公式"=SUM($D$3:$H$3)"，此时再将 J3 单元格中的公式复制到 J4 单元格中，可以发现两个单元格中的公式一致，并未发生任何改变，如图 9-3 所示。

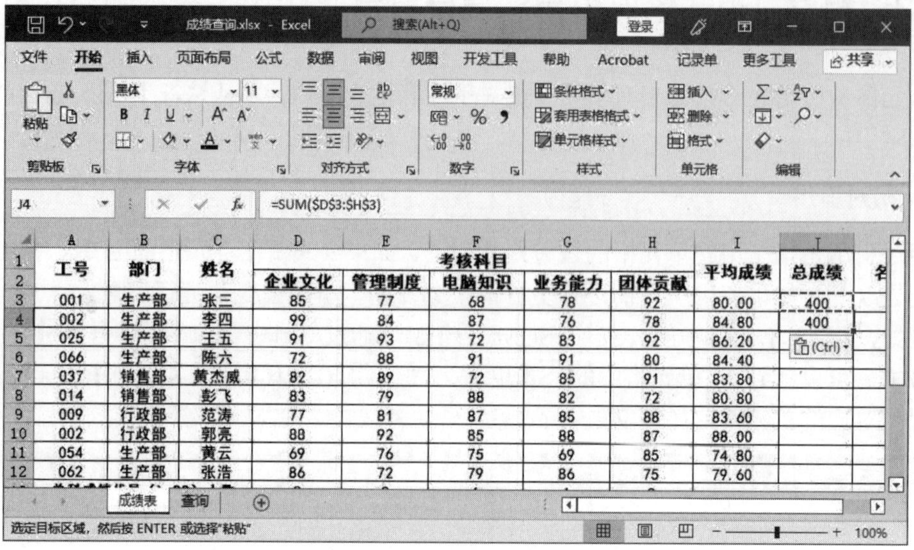

图 9-3

3. 混合引用

混合引用是指相对引用与绝对引用同时存在于一个单元格的地址引用中。如果公式所在单元格的位置改变，相对引用部分会改变，而绝对引用部分不变。混合引用的使用方法与绝对引用的方法相似，通过在行号和列标前加入符号"$"来实现。

例如，在 J3 单元格中输入公式"=SUM($D3:$H3)"，此时再将 J3 单元格中的公式复制到 K4 单元格中，可以发现两个公式中使用了相对引用的单元格地址改变了，而使用绝对引用的单元格地址不变，如图 9-4 所示。

图 9-4

9.1.3　引用同一工作簿中的单元格

Excel 不仅可以在同一个工作表中引用单元格或单元格区域中的数据，还可以引用同一工作簿中多个工作表上的单元格或单元格区域中的数据。下面介绍引用同一工作簿中的单元格的操作方法。

第1步　打开准备进行单元格引用的工作簿，在目标单元格，如"查询"工作表的单元格中输入"="，如图 9-5 所示。

第2步　切换到引用单元格所在的工作表，如"成绩表"工作表，选中要引用的单元格，如 D3 单元格，如图 9-6 所示。

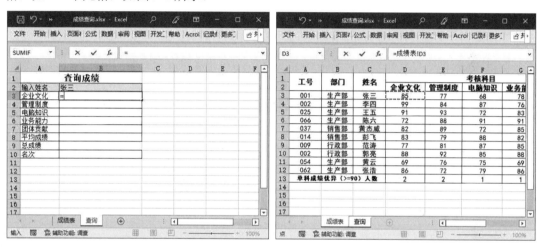

图 9-5　　　　　　　　　　　　　　　　图 9-6

第3步　按 Enter 键，可以看到已经将"成绩表"工作表 D3 单元格的数据引用到"查询"工作表的 B3 单元格中，如图 9-7 所示。

图 9-7

通过以上步骤即可完成引用同一工作簿中单元格的操作。

9.1.4 课堂范例——引用其他工作簿中的单元格

在 Excel 的使用过程中有时要对不同的工作簿进行操作，不限于同一工作簿的不同工作表之间的计算。跨工作簿引用数据，即引用其他工作簿中工作表的单元格数据，与引用同一工作簿中不同工作表的单元格数据的方法类似。下面介绍引用其他工作簿中单元格的操作方法。

◀◀ 扫码看视频(本节视频课程时间：27 秒)

 素材保存路径：配套素材\第 9 章
素材文件名称：成绩表.xlsx、成绩查询.xlsx

第 1 步 同时打开本例的素材文件"成绩表"和"成绩查询"两个工作簿，在"成绩查询"工作簿的"查询"工作表中选中 B3 单元格，输入"="，如图 9-8 所示。

第 2 步 切换到"成绩表"工作簿的 Sheet1 工作表中，选中 D3 单元格，如图 9-9 所示。

图 9-8

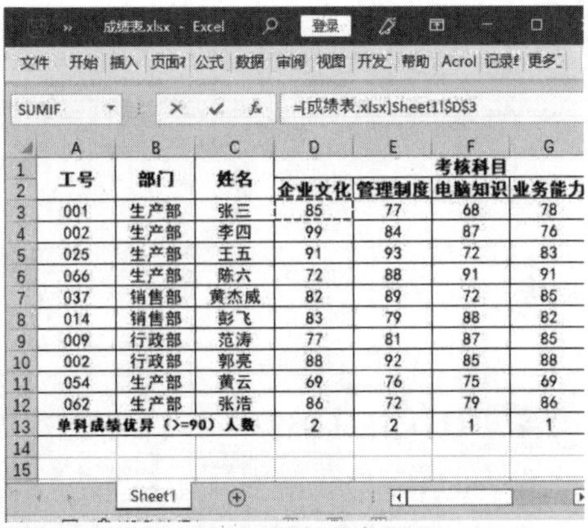

图 9-9

第 3 步 按 Enter 键，可以看到已经将"成绩表"工作簿中 D3 单元格的数据引用到"成绩查询"工作簿的 B3 单元格中，如图 9-10 所示。

图 9-10

9.2 认识与使用公式

公式由一系列单元格的引用、函数以及运算符等组成,是对数据进行计算和分析的等式。在 Excel 中,利用公式可以对表格中的各种数据进行快速计算。本节主要介绍公式的概念、公式中的运算符、运算符的优先级,以及公式的输入、编辑和删除的方法。

9.2.1 公式的概念

公式是对工作表中的数值执行计算的等式,它以 "=" 开头。通常情况下,公式由函数、参数、常量和运算符组成。下面分别介绍公式的组成部分。

- ➤ 函数:是指 Excel 中包含的许多预定义公式,可以对一个或多个数据执行运算,并返回一个或多个值。函数可以简化或缩短工作表中的公式。
- ➤ 参数:函数中用来执行操作或计算单元格和单元格区域的数值。
- ➤ 常量:是指在公式中直接输入的数字或文本值,其不参与运算且不发生改变。
- ➤ 运算符:用来连接公式中准备进行计算的符号或标记。运算符可以表达公式内执行计算的类型,包括算术运算符、比较运算符、文本连接运算符和引用运算符四种。

9.2.2 公式中的运算符

公式由一系列运算数和连接运算数的运算符组成。运算数可以是常量、单元格引用、单元格名称、函数等;运算符则是代表特定的运算操作的符号。公式中用于连接各种数据的符号或标记称为运算符,可以指定准备对公式中的元素执行的计算类型。

1. 算术运算符

算术运算符用来完成基本的数学运算,如 "加、减、乘、除" 等运算。算术运算符的基本含义如表 9-1 所示。

表 9-1 算术运算符

算术运算符	含 义	示 例
+(加号)	加法	9+6
-(减号)	减法或负号	9-6; -5
*(星号)	乘法	3*9
/(正斜号)	除法	6/3
%(百分号)	百分比	69%
^(脱字号)	乘方	5^2
!(阶乘)	连续乘法	3! =3*2*1

2. 文本连接运算符

文本连接运算符是可以将一个或多个文本连接为一个组合文本的一种运算符号。文本连接运算符使用和号"&"连接一个或多个文本字符串,从而产生新的文本字符串。文本连接运算符的基本含义如表9-2所示。

表9-2 文本连接运算符

文本连接运算符	含 义	示 例
&(和号)	将两个文本连接起来产生一个连续的文本值	"漂"&"亮"得到"漂亮"

3. 比较运算符

比较运算符用于比较两个数值间的大小关系,并产生逻辑值 TRUE(真)或 FALSE(假)。比较运算符的基本含义如表9-3所示。

表9-3 比较运算符

比较运算符	含 义	示 例
=(等号)	等于	A1=B1
>(大于号)	大于	A1>B1
<(小于号)	小于	A1<B1
>=(大于等于号)	大于或等于	A1>=B1
<=(小于等于号)	小于或等于	A1<=B1
<>(不等号)	不等于	A1<>B1

4. 引用运算符

引用运算符是指对多个单元格区域进行合并计算的运算符号。引用运算符的基本含义如表9-4所示。

表9-4 引用运算符

引用运算符	含 义	示 例
:(冒号)	区域运算符,生成对两个引用之间所有单元格的引用	A1:A2
,(逗号)	联合运算符,用于将多个引用合并为一个引用	SUM(A1:A2,A3:A4)
(空格)	交集运算符,生成在两个引用中共有的单元格引用	SUM(A1:A6 B1:B6)

9.2.3 运算符优先级

运算符优先级是指一个公式中含有多个运算符的情况下 Excel 的运算顺序。如果一个公式中的若干运算符都具有相同的优先顺序,那么 Excel 2021 将按照从左到右的顺序进行计算。

如果不希望 Excel 2021 按照从左到右的顺序进行计算,那么需更改求值的顺序,如

7+8+6+3*2，Excel 2021 将先进行乘法运算，然后再进行加法运算；如果用括号将公式改为 (7+8+6+3)*2，那么 Excel 2021 将先计算括号里的数值。下面介绍运算符的优先级，如表 9-5 所示。

表 9-5　运算符的优先级

优 先 级	运算符类型	说　明
1	引用运算符	:(冒号)
2		(空格)
3		,(逗号)
4	算术运算符	−(负数)
5		%(百分比)
6		^(乘方)
7		*和/(乘和除)
8		+和− (加和减)
9	文本连接运算符	&(连接两个文本字符串)
10	比较运算符	=
11		<、>
12		<=
13		>=
14		<>

9.2.4　公式的输入、编辑与删除

熟练掌握公式的输入、编辑与删除操作，可以使用户在使用公式时更加得心应手。

1. 公式的输入

除了将单元格格式设置为【文本】的单元格之外，在单元格中输入等号(=)的时候，Excel 将自动变为输入公式的状态。当在单元格中输入加号(+)、减号(−)等时，系统会自动在前面加上等号，变为输入公式状态。

手动输入和使用鼠标辅助输入为输入公式的两种常用方法。在公式并不复杂的情况下，可以手动输入公式；而在引用单元格较多的情况下，比起手动输入公式，有些用户更习惯使用鼠标辅助输入公式。

2. 公式的编辑

如果输入的公式需要进行修改，可以通过以下 3 种方法进入单元格编辑状态。

➢　选中公式所在的单元格，并按 F2 键。

➢　双击公式所在的单元格。

➢　选中公式所在的单元格，然后将光标定位到列标上方的编辑栏中。

3. 公式的删除

可以通过以下方法删除公式。

➢ 选中公式所在的单元格，按 Delete 键即可清除单元格中的全部内容。

➢ 进入单元格编辑状态后，将光标定位在某个位置，按 Delete 键删除光标后面的公式内容，或按 Backspace 键删除光标前面的公式的部分内容。

➢ 如果需要删除多单元格数组公式，需要选中其所在的全部单元格，再按 Delete 键删除。

9.3 认识与输入函数

在 Excel 中将一组特定功能的公式组合在一起，就形成了函数。利用公式可以计算一些简单的数据，而利用函数则可以很容易地完成各种复杂数据的处理工作，并简化公式的使用。本节将介绍函数的相关知识。

9.3.1 函数的结构与分类

函数是在 Excel 中预先定义好的内置公式，使用特定数值(参数)来按指定的顺序或结构进行计算。函数主要由等号、函数名称、括号和参数组成，例如，=SUM(A3:D15)。

由于函数是内置公式，所以同样要用等号"="来让 Excel 识别函数；"SUM"为函数名称，用于标识调用的是什么功能的函数；括号"()"中的内容是函数的参数，参数的类型可以是数字、文本、逻辑值、数组、错误值或单元格引用，参数的形式可以是常量、公式或其他函数。

在 Excel 2021 中，为了方便计算，系统提供了非常丰富的函数，一共有 300 多个。下面介绍主要的函数分类，如表 9-6 所示。

表 9-6　函数的分类及功能

分　类	功　能
信息函数	返回单元格中的数据类型，并对数据类型进行判断
财务函数	对财务数据进行分析和计算
自定义函数	使用 VBA 进行编写并完成特定功能
逻辑函数	用于进行数据逻辑方面的运算
查找与引用函数	用于查找数据或单元格引用
文本和数据函数	用于处理公式中的字符、文本或对数据进行计算分析
统计函数	对数据进行统计分析
日期与时间函数	用于分析和处理时间与日期值
数学与三角函数	用于进行数学计算

9.3.2　函数参数的类型

函数的参数既可以是常量或公式，也可以为其他函数。常见的函数参数类型如下。

➤ 常量函数：主要包括文本、数值以及日期等内容。

➤ 逻辑值参数：主要包括逻辑真、逻辑假以及逻辑判断表达式等。

➤ 单元格引用参数：主要包括引用单个单元格和引用单元格区域等。

➤ 函数式：在 Excel 中可以使用一个函数式的返回结果作为另一个函数式的参数，这种方式称为函数嵌套。

➤ 数组参数：函数参数既可以是一组常量，也可以为单元格区域的引用。

当一个函数式中有多个参数时，需要用英文状态的逗号将其隔开。

9.3.3　插入函数

在 Excel 工作表中运用函数进行计算之前，首先要学习如何插入函数。插入函数的方法很简单，只需要根据向导进行选择即可。下面以计算最大值为例来详细介绍插入函数的操作方法。

第 1 步 选中准备插入函数的单元格，*1.* 选择【公式】选项卡，*2.* 在【函数库】选项组中单击【插入函数】按钮，如图 9-11 所示。

第 2 步 弹出【插入函数】对话框，*1.* 在【或选择类别】下拉列表框中选择【常用函数】选项，*2.* 在【选择函数】列表框中选择 MAX 选项，*3.* 单击【确定】按钮，如图 9-12 所示。

图 9-11

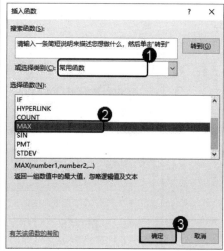

图 9-12

第 3 步 弹出【函数参数】对话框，单击【确定】按钮，如图 9-13 所示。

第4步 返回到表格中，可以看到已经计算出"专业知识"这一项成绩的最高分，如图 9-14 所示。通过以上步骤即可完成插入函数的操作。

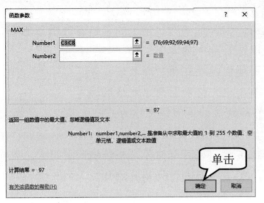

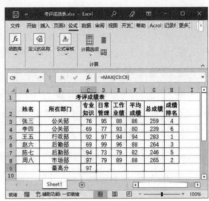

图 9-13 图 9-14

9.3.4 查询函数

只知道某个函数的类别或者功能，不知道函数名，可以通过【插入函数】对话框快速查找函数。切换到【公式】选项卡，在【函数库】选项组中单击【插入函数】按钮，就会弹出【插入函数】对话框，在其中查找函数的方法主要有两种。

➢ 在【或选择类别】下拉列表框中按照类别查找，如图 9-15 所示。
➢ 在【搜索函数】文本框中输入需要的函数功能，然后单击【转到】按钮，在【选择函数】列表框中就会出现系统推荐的函数，如图 9-16 所示。

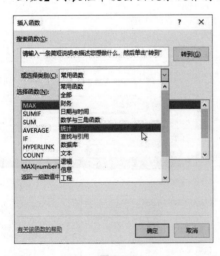

图 9-15 图 9-16

如果说明栏的函数信息不够详细，难以理解，在电脑连网的情况下，用户可以利用帮助功能。在【插入函数】对话框的【选择函数】列表框中选中某个函数后，单击左下角的【有关该函数的帮助】链接，打开【Excel 帮助】页面，其中对函数进行了详细的介绍并提供了示例，足以满足大部分人的需求，如图 9-17 和图 9-18 所示。

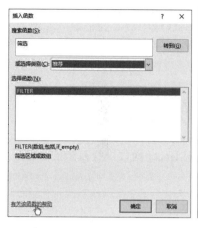

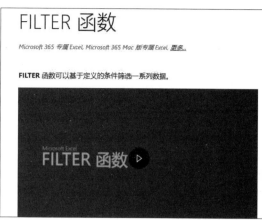

图 9-17　　　　　　　　　　　　　　图 9-18

9.3.5　课堂范例——使用嵌套函数

　　　　　嵌套函数是指在一个函数中使用另一函数的值作为参数。公式中最多可以包含七级嵌套函数。如果函数 B 作为函数 A 的参数，那么函数 B 称为第二级函数。如果函数 C 又是函数 B 的参数，则函数 C 称为第三级函数，依此类推。下面将详细介绍使用嵌套函数的操作方法。

◀◀ 扫码看视频(本节视频课程时间：36 秒)

　素材保存路径：配套素材\第 9 章

　　素材文件名称：嵌套函数.xlsx

第 1 步　打开本例的素材文件"嵌套函数.xlsx"，选中 C1 单元格，*1.* 输入函数式"=IF(AVERAGE(A1:A3) >20, SUM(B1:B3), 0)"，*2.* 单击【输入】按钮，如图 9-19 所示。

第 2 步　在 C1 单元格中显示计算结果，如图 9-20 所示。

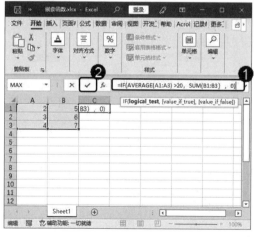

图 9-19　　　　　　　　　　　　　　图 9-20

上述步骤中函数表达式的意义为：当 A1:A3 单元格区域中数字的平均值大于 20 时，返回单元格区域 B1:B3 的求和结果，否则将返回 0。嵌套函数一般通过手动方式输入，输入时可以利用鼠标辅助引用单元格。

9.4 常见函数的应用

了解了 Excel 函数的基本知识后，下面就可以应用 Excel 函数进行复杂的计算了。本节将介绍 Excel 常见函数在实际工作中的应用案例。

9.4.1 课堂范例——统计函数

统计函数用于对数据区域进行统计分析。其中，RANK.AVG 函数用于返回某数值在一列数值中相对于其他数值的大小排名。如果多个数值排名相同，则返回平均值排名。在本例中，已知某班的成绩单，现在需要使用 RANK.AVG 函数求出总成绩 280 分排在第几位。

◀◀ 扫码看视频(本节视频课程时间：44 秒)

素材保存路径：配套素材\第 9 章
素材文件名称：统计函数.xlsx

第 1 步 打开本例的素材文件"统计函数.xlsx"，**1.** 选择单元格 C11，**2.** 切换到【公式】选项卡，单击【函数库】选项组中的【插入函数】按钮，如图 9-21 所示。

第 2 步 弹出【插入函数】对话框，**1.** 单击【或选择类别】右侧的下拉按钮，**2.** 在展开的下拉列表中选择【统计】选项，如图 9-22 所示。

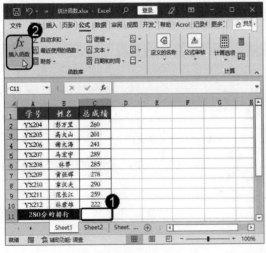

图 9-21

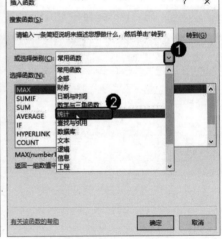

图 9-22

第3步 此时在【选择函数】列表框中显示了所有统计函数，双击 RANK.AVG 选项，如图 9-23 所示。

第4步 弹出【函数参数】对话框，**1.** 设置 Number 为 C6，Ref 为 C2:C10，Order 为 0，**2.** 单击【确定】按钮，如图 9-24 所示。

图 9-23

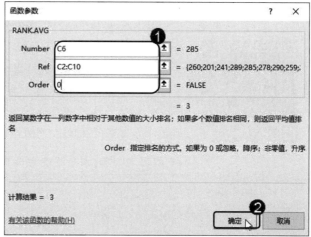

图 9-24

第5步 此时在单元格 C11 中显示 280 分的排行为 3，并且在编辑栏中显示了完整的公式，如图 9-25 所示。

图 9-25

知识精讲

RANK.AVG 函数的语法结构为：RANK.AVG(number,ref,[order])。其中，number 为必需参数，是要查找其排位的数字；ref 为必需参数，是数字列表数组或对数字列表的引用，非数值型值将被忽略；order 为可选参数，是一个指定排位方式的数字。

9.4.2 课堂范例——财务函数

财务函数是用来进行财务处理的函数，可以进行一般的财务计算。

在本例中，假设要投资某项工程，投资金额为 30000 元，融资方同意每年偿付 10000 元，共付 4 年，那么如何知道这项投资的回报率呢？对于这种周期性偿付或一次性偿付的投资，可以用 RATE 函数计算出实际盈利。下面详细介绍 RATE 函数的使用方法。

◀◀ 扫码看视频(本节视频课程时间：60 秒)

素材保存路径：配套素材\第 9 章
素材文件名称：财务函数.xlsx

第 1 步 打开本例的素材文件"财务函数.xlsx"，**1.** 选择单元格 B5，**2.** 切换到【公式】选项卡，单击【函数库】选项组中的【插入函数】按钮，如图 9-26 所示。

第 2 步 弹出【插入函数】对话框，**1.** 设置【或选择类别】为【财务】，**2.** 在【选择函数】列表框中双击 RATE 选项，如图 9-27 所示。

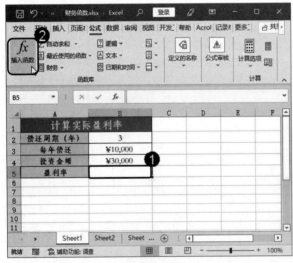

图 9-26

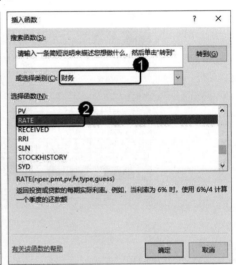

图 9-27

第 3 步 弹出【函数参数】对话框，**1.** 设置 Nper 为 4，Pmt 为 10000，Pv 为-30000，Fv 为 0，Type 为 0，**2.** 单击【确定】按钮，如图 9-28 所示。

第 4 步 此时在单元格 B5 中显示计算结果为 13%，为了让数据更加精确，可以增加一位小数位数，在【开始】选项卡的【数字】选项组中选择【增加小数位数】选项，如图

9-29 所示。

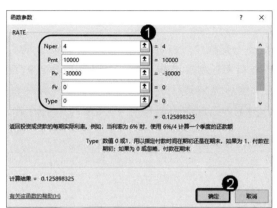

图 9-28　　　　　　　　　　　　　　　　　图 9-29

第 5 步　此时可以看到该项投资的年利率为 12.6%，可以根据这个值判断是否满意这项投资，或是决定投资其他项目，或是重新谈判每年的偿还额，如图 9-30 所示。

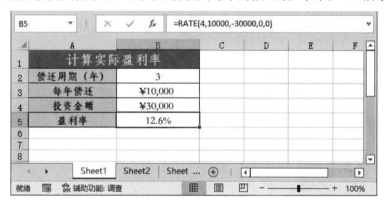

图 9-30

 知识精讲

RATE 函数的语法为：RATE(nper, pmt, pv, fv, type, guess)。其中，参数 nper 为总投资期，即该项投资的付款期总数；参数 pmt 为各期所应支付的金额，其数值在整个年金期间保持不变；参数 pv 为现值，即从该项投资开始计算时已经入账的款项，或一系列未来付款当前值的累计和，也称为本金；参数 fv 为未来值，或在最后一次付款后希望得到的现金余额；参数 type 为 0 或 1，用于指定各期的付款时间是在期初(1)还是期末(0 或省略)；参数 guess 为预期利率，如果省略，则假定其值为 10%。

9.4.3 课堂范例——查找与引用函数

当需要在数据清单或表格中查找特定数值，或者需要查找某一单元格的引用时，可以使用查找与引用函数。其中，VLOOKUP 函数可以搜索某个单元格区域的第一列，然后返回该区域相同行上任意单元格中的值。本例讲解如何使用 VLOOKUP 函数查询学号为 YX209 的学生姓名。

◀◀ 扫码看视频(本节视频课程时间：43 秒)

> 素材保存路径：配套素材\第 9 章
> 素材文件名称：查找与引用函数.xlsx

第 1 步 打开本例的素材文件"查找与引用函数.xlsx"，*1.* 选择单元格 C11，*2.* 在【公式】选项卡的【函数库】选项组中单击【插入函数】按钮，如图 9-31 所示。

第 2 步 弹出【插入函数】对话框，*1.* 设置【或选择类别】为【查找与引用】，*2.* 在【选择函数】列表框中双击 VLOOKUP 选项，如图 9-32 所示。

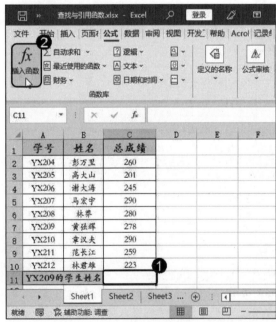

图 9-31

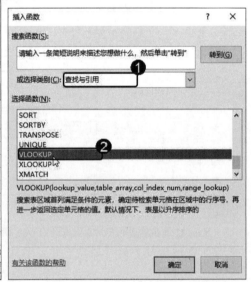

图 9-32

第 3 步 弹出【函数参数】对话框，*1.* 设置 Lookup_value 为 A7，Table_array 为 A2:C10，Col_index_num 为 2，Range_lookup 为 FALSE，*2.* 单击【确定】按钮，如图 9-33 所示。

第 4 步 此时在单元格 C11 中显示了计算结果，即学号是 YX209 的学生姓名为"黄强辉"，如图 9-34 所示。

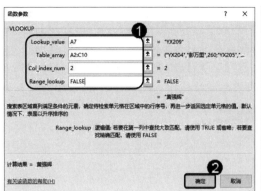

图 9-33　　　　　　　　　　　　　　　　图 9-34

 知识精讲

　　VLOOKUP 函数的语法为：VLOOKUP(lookup_value, table_array, col_index_num, range_lookup)。其中，参数 lookup_value 为要在数据表第一列中查找的数值，可为数字、引用或文本字符串。参数 table_array 为需要在其中查找数据的数据表，可使用对区域或区域名称的引用。参数 col_index_num 为 table_array 中待返回的匹配值的列序号，为 1 时返回 table_array 第一列的数值，为 2 时返回 table_array 第二列的数值，依此类推。参数 range_lookup 为一逻辑值，指明函数查找时是精确匹配还是近似匹配，如果为 true 或省略，就查找近似匹配值；如果为 false，就查找精确匹配值；如果找不到，则返回错误值#N/A。

9.5　实践案例与上机指导

　　通过本章的学习，读者基本可以掌握公式与函数的基本知识以及一些常见的操作方法。下面通过练习操作，达到巩固学习、拓展提高的目的。

9.5.1　定义公式名称

　　当经常使用某单元格的公式时，可以为该单元格定义一个名称，以后直接用定义的名称代表该单元格的公式即可。定义名称就是为所选单元格或单元格区域指定一个名称。下面介绍定义公式名称的方法。

◀◀ 扫码看视频(本节视频课程时间：25 秒)

 素材保存路径：配套素材\第 9 章
素材文件名称：考评成绩表.xlsx

第1步 打开本例的素材文件"考评成绩表.xlsx",选中公式所在的单元格 C9,**1.** 选择【公式】选项卡,**2.** 在【定义的名称】选项组中单击【定义名称】按钮,如图 9-35 所示。

第2步 打开【新建名称】对话框,**1.** 在【名称】文本框中输入名称,**2.** 单击【确定】按钮,如图 9-36 所示。

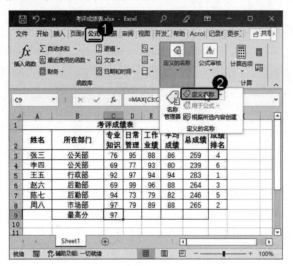

图 9-35

图 9-36

第3步 返回到表格中,可以看到在编辑栏中显示了刚刚设置的 C9 单元格的公式名称,如图 9-37 所示。

| 专业知识最高分 | | fx | =MAX(C3:C8) | | | | | | | |

	A	B	C	D	E	F	G	H	I	J
1	考评成绩表									
2	姓名	所在部门	专业知识	日常管理	工作业绩	平均成绩	总成绩	成绩排名		
3	张三	公关部	76	95	88	86	259	4		
4	李四	公关部	69	77	93	80	239	6		
5	王五	行政部	92	97	94	94	283	1		
6	赵六	后勤部	69	99	96	88	264	3		
7	陈七	后勤部	94	73	79	82	246	5		
8	周八	市场部	97	79	89	88	265	2		
9		最高分	97							
10										

图 9-37

智慧锦囊

使用编辑栏也可以快速定义名称。选择要定义名称的单元格或单元格区域,直接在编辑栏中输入名称,按 Enter 键即可完成定义。

9.5.2　查看公式求值

Excel 2021 提供了"公式求值"功能，可以帮助用户查看复杂公式，了解公式的计算顺序和每一步的计算结果。本例详细介绍查看公式求值的操作方法。

◀◀ 扫码看视频(本节视频课程时间：33 秒)

素材保存路径：配套素材\第 9 章
素材文件名称：成绩查询 1.xlsx

第 1 步　打开本例的素材文件"成绩查询 1.xlsx"，选中含有公式的单元格 B3，**1.** 选择【公式】选项卡，**2.** 在【公式审核】选项组中单击【公式求值】按钮，如图 9-38 所示。

第 2 步　弹出【公式求值】对话框，在【求值】文本框中显示了当前单元格中的公式，公式中的下划线表示当前的引用，单击【求值】按钮，如图 9-39 所示。

图 9-38

图 9-39

第 3 步　此时即可验证当前引用的值，此值将以斜体字显示，同时下划线移动至整个公式底部，查看完毕单击【关闭】按钮即可，如图 9-40 所示。

图 9-40

9.5.3 追踪引用单元格

在 Excel 中，追踪引用单元格能够添加箭头分别指向每个直接引用的单元格，甚至能够指向更多层次的引用单元格，用于指示影响当前所选单元格值的单元格。本例详细介绍追踪引用单元格的操作方法。

◀◀ 扫码看视频(本节视频课程时间：19 秒)

素材保存路径：配套素材\第 9 章
素材文件名称：销售数据统计表.xlsx

第 1 步 打开本例的素材文件"销售数据统计表.xlsx"，选中含有公式的单元格 F2，*1.* 选择【公式】选项卡，*2.* 在【公式审核】选项组中单击【追踪引用单元格】按钮，如图 9-41 所示。

第 2 步 此时即可追踪到单元格 F2 中公式引用的单元格，并显示引用指示箭头，如图 9-42 所示。

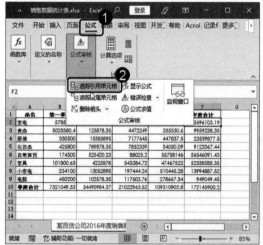

图 9-41

图 9-42

9.5.4 在公式中使用名称计算

对于已经定义的名称，在公式中可以直接用其替代要引用的单元格，这样可以让公式更易于理解。本例详细介绍在公式中使用名称计算的操作方法。

◀◀ 扫码看视频(本节视频课程时间：27 秒)

素材保存路径：配套素材\第 9 章

素材文件名称：电视销售统计表.xlsx

第1步 打开本例的素材文件"电视销售统计表.xlsx"，在单元格 C8 中输入公式"=SUM(创维"，此时可以看到 Excel 会自动选择该名称的单元格区域 C3:C7，如图 9-43 所示。

第2步 继续在单元格中输入完整公式"=SUM(创维,TCL,长虹)"，如图 9-44 所示。

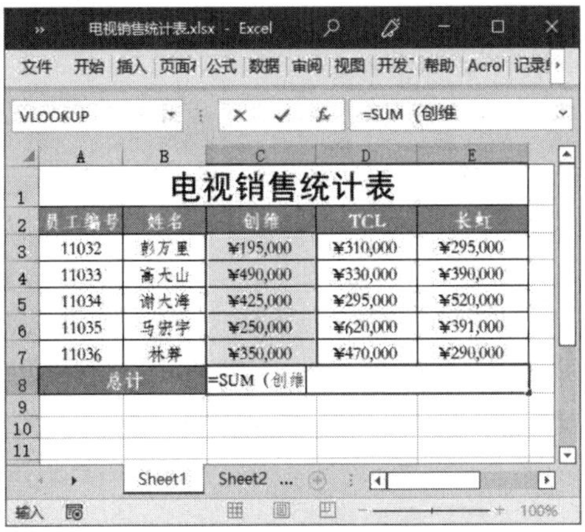

图 9-43
图 9-44 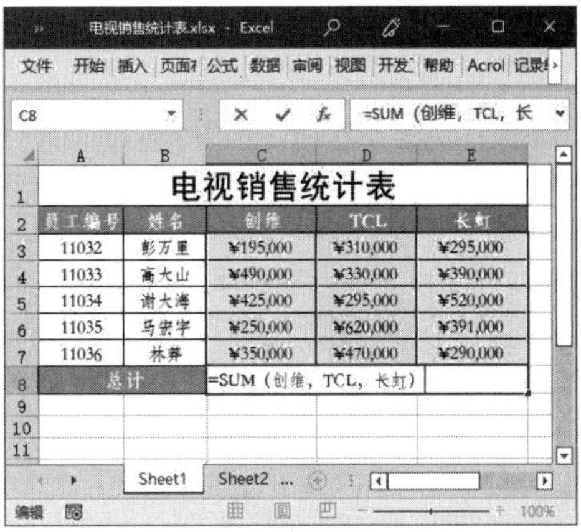

第3步 按 Enter 键后，在单元格 C8 中显示了定义的创维、TCL、长虹的总销售额，如图 9-45 所示。

图 9-45

知识精讲

若要将某区域的字段名直接作为名称，可使用"根据所选内容定义名称"功能，它能快速将某区域的首行或首列字段直接设置为名称。选择区域后，在【定义的名称】选项组中单击【根据所选内容创建】按钮，在弹出的对话框中选中【首行】、【最左列】复选框，单击【确定】按钮。此时单击名称框右侧的下拉按钮，会在展开的下拉列表中显示定义的名称。

9.6 思考与练习

一、填空题

1. _____的作用在于标识工作表中的单元格或单元格区域，作为公式中使用的运算数或函数的参数。

2. 在_____中，Excel的行标和列号都将用数字来表示。

3. 在默认情况下，Excel使用_____，即用字母A～XFD表示列标，用数字1～1048576表示行号。单元格的地址由列标和行号组成。

4. 公式是对工作表中的数值执行计算的等式，它以"="开头。通常情况下，公式由_____、参数、_____和运算符组成。

二、判断题

1. 相对引用是指引用的单元格的位置是相对的。如果公式所在单元格的位置发生改变，引用也随之改变。如果使用填充柄进行多行或多列复制，引用会自动进行调整。 （ ）

2. 对于使用了绝对引用的公式，被复制或移动到新位置后，公式中引用的单元格地址保持不变。需要注意的是，在使用绝对引用时，应在被引用单元格的行号和列标之前分别添加符号"$"。 （ ）

3. 混合引用是指相对引用与绝对引用同时存在于一个单元格的地址引用中。如果公式所在单元格的位置改变，相对引用部分不会改变，而绝对引用部分会改变。 （ ）

4. 函数是在Excel中预先定义好的内置公式，使用特定数值(参数)来按指定的顺序或结构进行计算。函数主要由等号、函数名称、括号和参数组成。 （ ）

三、思考题

1. 如何在同一工作簿中进行单元格引用？

2. 如何插入函数？

新起点
电脑教程

第 10 章

数据分析与图表制作

本章主要内容

　　本章主要介绍数据排序、数据筛选、分类汇总、创建数据透视表与透视图方面的知识及技巧，同时讲解认识与使用图表。在本章的最后还针对实际的工作需求，讲解更改图表布局、套用图表样式的方法。通过本章的学习，读者可以掌握数据分析与图表制作基础操作方面的知识，为深入学习 Office 2021 知识奠定基础。

10.1　数　据　排　序

为了便于比较工作表中的数据，可以先对数据进行排序。数据排序是指按一定规则对数据进行整理、排列的操作。在 Excel 2021 工作表中，数据排序的方法有很多，如单条件排序以及多关键字复杂排序等。本节将详细介绍数据排序的方法。

10.1.1　单条件排序

在 Excel 中，单条件排序是指以满足一个条件为依据进行排序。下面详细介绍在 Excel 2021 中如何对数据进行单条件排序。

第 1 步　打开准备进行排序的工作表，*1.* 选择【数据】选项卡，*2.* 在【排序和筛选】选项组中单击【排序】按钮，如图 10-1 所示。

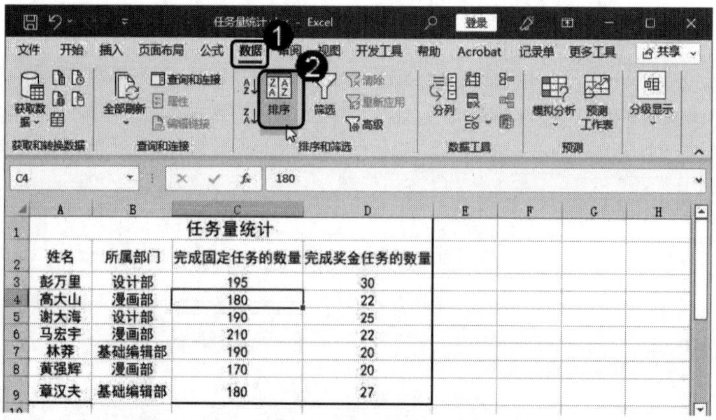

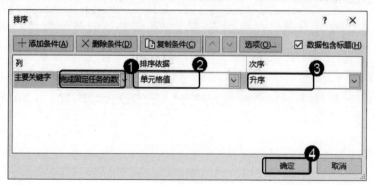

图 10-1

第 2 步　弹出【排序】对话框，*1.* 在【主要关键字】下拉列表框中选择【完成固定任务的数量】选项，*2.* 在【排序依据】下拉列表框中选择【单元格值】选项，*3.* 在【次序】下拉列表框中选择【升序】选项，*4.* 单击【确定】按钮，如图 10-2 所示。

图 10-2

第3步　返回到工作表中，可以看到"完成固定任务的数量"列中的数据已按照升序进行了排序，这样即可完成对数据进行单条件排序的操作，如图 10-3 所示。

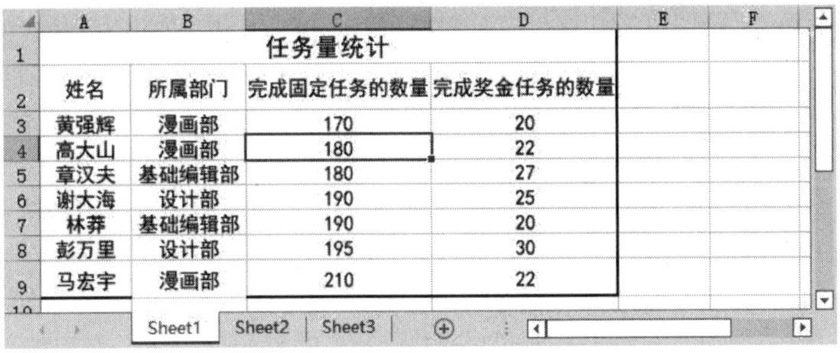

	A	B	C	D	E	F
1			任务量统计			
2	姓名	所属部门	完成固定任务的数量	完成奖金任务的数量		
3	黄强辉	漫画部	170	20		
4	高大山	漫画部	180	22		
5	章汉夫	基础编辑部	180	27		
6	谢大海	设计部	190	25		
7	林莽	基础编辑部	190	20		
8	彭万里	设计部	195	30		
9	马宏宇	漫画部	210	22		

Sheet1　Sheet2　Sheet3

图 10-3

10.1.2　课堂范例——多关键字复杂排序

在实际操作过程中，有时需要同时满足多个条件来对数据进行排序，这就要用到 Excel 2021 中的多关键字复杂排序功能。在【排序】对话框中，不仅可以设置主要的排序条件，还可以设置一个或多个次要的排序条件，使工作表能根据复合的条件进行排序。下面详细介绍多关键字复杂排序的操作方法。

◀◀ 扫码看视频(本节视频课程时间：51 秒)

素材保存路径：配套素材\第 10 章
素材文件名称：任务量统计.xlsx

第1步　打开本例的素材文件"任务量统计.xlsx"，1. 选择【数据】选项卡，2. 在【排序和筛选】选项组中单击【排序】按钮，如图 10-4 所示。

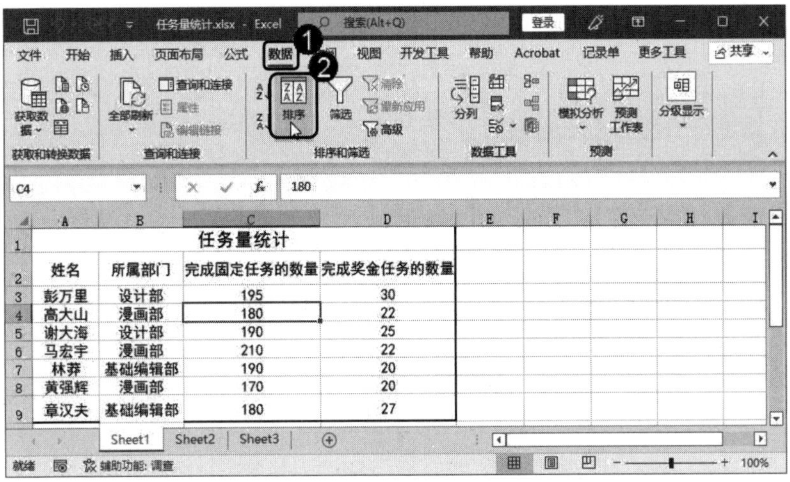

图 10-4

第 2 步 弹出【排序】对话框，***1.*** 设置【主要关键字】为【完成固定任务的数量】，【排序依据】为【单元格值】，【次序】为【升序】，***2.*** 单击【添加条件】按钮，如图 10-5 所示。

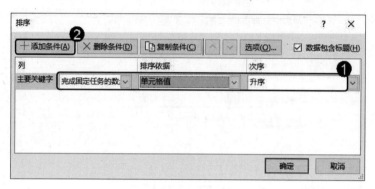

图 10-5

第 3 步 此时可以看到显示了一个次要条件，***1.*** 设置【次要关键字】为【完成奖金任务的数量】，【排序依据】为【单元格值】，【次序】为【升序】，***2.*** 单击【确定】按钮，如图 10-6 所示。

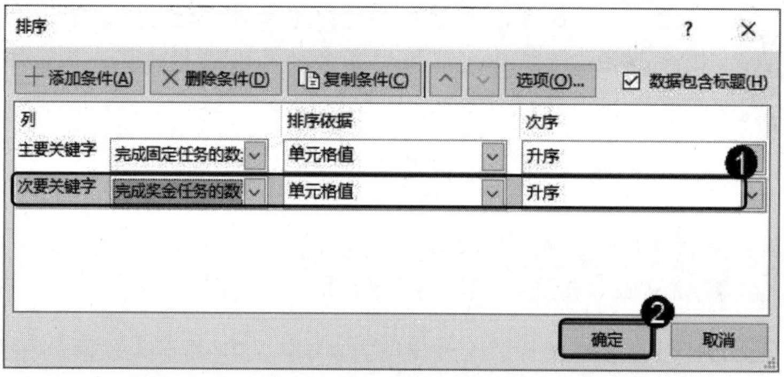

图 10-6

第 4 步 返回工作表后，可以看见工作表中数据的排序效果：先以“完成固定任务的数量”为依据进行升序排列，当“完成固定任务的数量”相同的时候，再以“完成奖金任务的数量”为依据进行升序排列，如图 10-7 所示。

任务量统计			
姓名	所属部门	完成固定任务的数量	完成奖金任务的数量
黄强辉	漫画部	170	20
高大山	漫画部	180	22
章汉夫	基础编辑部	180	27
林莽	基础编辑部	190	20
谢大海	设计部	190	25
彭万里	设计部	195	30
马宏宇	漫画部	210	22

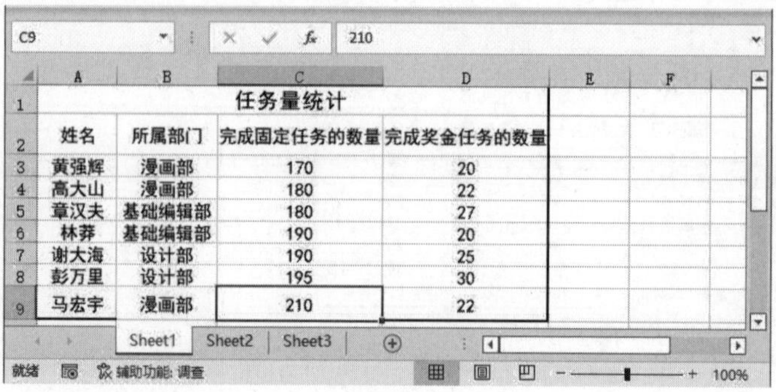

图 10-7

知识精讲

　　若要对 3 列或 3 列以上的数据进行排序，可在【排序】对话框中设置【主要关键字】，单击【添加条件】按钮，添加【次要关键字】后，再单击【添加条件】按钮，此时会出现第 2 个【次要关键字】，继续设置排序条件，直到添加完所有条件。完成后，数据区域会按照关键字的优先级依次排列数据。

10.2　数据筛选

　　在 Excel 中，数据筛选是指只显示符合用户设置条件的数据信息，同时隐藏不符合条件的数据信息。用户可根据实际需要选择自动筛选、对指定数据进行筛选或高级筛选等。本节主要介绍在 Excel 2021 中进行数据筛选的方法。

10.2.1　自动筛选

　　自动筛选一般用于简单的条件筛选，原理是将不满足条件的数据暂时隐藏起来，只显示符合条件的数据。自动筛选是最简单的筛选方法，只需在【筛选】下拉列表中选择筛选的内容即可完成筛选。下面详细介绍自动筛选的操作方法。

　　第 1 步　打开准备进行自动筛选的工作表，**1.** 选择单元格区域 A2:F2，**2.** 切换到【数据】选项卡，**3.** 单击【排序和筛选】选项组中的【筛选】按钮，如图 10-8 所示。

　　第 2 步　此时在各字段右下角显示出筛选按钮，**1.** 单击单元格 C2 右下角的筛选按钮，**2.** 在展开的下拉列表中选中 14:00-16:00 复选框，**3.** 单击【确定】按钮，如图 10-9 所示。

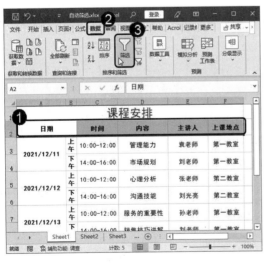

图 10-8

图 10-9

　　第 3 步　此时即可筛选出所有上课时间为 14:00-16:00 的课程安排，这样即可完成自动筛选的操作,如图 10-10 所示。

图 10-10

智慧锦囊

在 Excel 2021 中,【筛选】下拉列表中提供了搜索文本框,简单的筛选使用搜索文本框将更为方便。

10.2.2 对指定数据进行筛选

筛选功能提供了"等于""不等于""开头是""结尾是"等多种特定条件,可完成更复杂的筛选。下面详细介绍对指定数据进行筛选的操作方法。

第 1 步 打开准备进行筛选的工作表,在筛选前,须先清除已有的筛选条件。*1.* 单击单元格 C2 右下角的筛选按钮,*2.* 在展开的下拉列表中选择【从"时间"中清除筛选器】选项,如图 10-11 所示。

第 2 步 *1.* 单击单元格 E2 右下角的筛选按钮,*2.* 在展开的下拉列表中选择【文本筛选】→【开头是】选项,如图 10-12 所示。

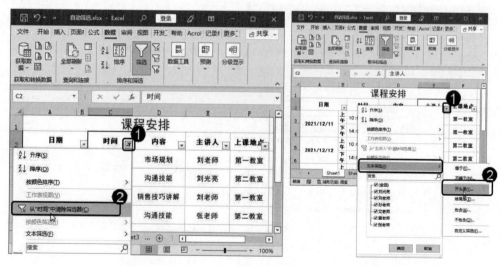

图 10-11   图 10-12

第 3 步　弹出【自定义自动筛选】对话框，**1.** 在【主讲人】下方的文本框中输入"袁"，**2.** 单击【确定】按钮，如图 10-13 所示。

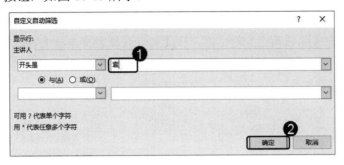

图 10-13

第 4 步　此时就筛选出了主讲人姓"袁"的课程安排，这样即可完成对指定数据进行筛选的操作，如图 10-14 所示。

E2		fx	主讲人		
	A	B	C	D	E	F

			课程安排			
日期		时间	内容	主讲人	上课地点
2021/12/11	上午	10:00-12:00	管理能力	袁老师	第一教室

图 10-14

智慧锦囊

　　清除筛选是为了返回原来的数据内容，除了可以使用上述步骤 1 中的方法，还可以直接单击【数据】选项卡【排序和筛选】选项组中的【筛选】按钮或【清除】按钮。

10.2.3　课堂范例——高级筛选

　　高级筛选可筛选出同时满足多个条件的内容，或满足多个条件中的某个条件的内容，而且还可以把筛选的结果复制到指定的地方，更方便进行对比。本例详细介绍高级筛选的操作方法。

◀◀ 扫码看视频(本节视频课程时间：44 秒)

素材保存路径：配套素材\第 10 章
素材文件名称：高级筛选.xlsx

第1步 打开本例的素材文件"高级筛选.xlsx"，**1.** 在单元格区域 H2:I3 中输入筛选的条件内容，**2.** 在【数据】选项卡的【排序和筛选】选项组中单击【高级】按钮，如图 10-15 所示。

第2步 弹出【高级筛选】对话框，在【列表区域】文本框中自动显示了数据区域的位置，单击【条件区域】右侧的单元格引用按钮，如图 10-16 所示。

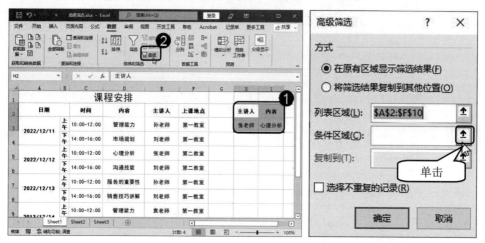

图 10-15   图 10-16

第3步 **1.** 选择单元格区域 H2:I3 作为条件区域，**2.** 单击单元格引用按钮，如图 10-17 所示。

第4步 返回到【高级筛选】对话框，单击【确定】按钮，如图 10-18 所示。

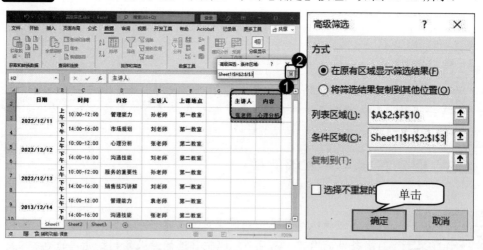

图 10-17   图 10-18

第5步 此时可以看见，工作表中已经筛选出了主讲人为"张老师"且课程内容为"心理分析"的课程安排，如图 10-19 所示。

图 10-19

10.3　分　类　汇　总

利用 Excel 提供的分类汇总功能，用户可以将表格中的数据进行分类，然后再把性质相同的数据汇总到一起，使其结构更清晰，便于查找数据信息。本节将详细介绍有关分类汇总方面的知识与操作方法。

10.3.1　简单分类汇总

简单分类汇总是指只针对一个分类字段的汇总。在对数据进行分类汇总之前，一定要保证分类字段是按照一定顺序排列的，否则无法得到正确的汇总结果。下面详细介绍简单分类汇总的操作方法。

第 1 步　打开准备进行简单分类汇总的工作簿，将光标定位到"销售日期"列中，*1.* 选择【数据】选项卡，*2.* 在【排序和筛选】选项组中单击【升序】按钮，如图 10-20 所示。

第 2 步　可以看到已经将"销售日期"列按照升序排列了，接着在【分级显示】选项组中单击【分类汇总】按钮，如图 10-21 所示。

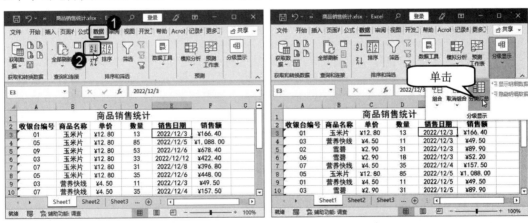

图 10-20　　　　　　　　　　　　图 10-21

第 3 步　弹出【分类汇总】对话框，*1.* 在【分类字段】下拉列表框中选择【销售日期】选项，*2.* 在【汇总方式】下拉列表框中选择【求和】选项，*3.* 在【选定汇总项】列表框中选中【销售额】复选框，*4.* 单击【确定】按钮，如图 10-22 所示。

第 4 步 返回到工作表中，可以看到分类汇总的结果，这样即可完成进行简单分类汇总的操作，如图 10-23 所示。

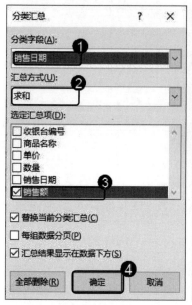

图 10-22

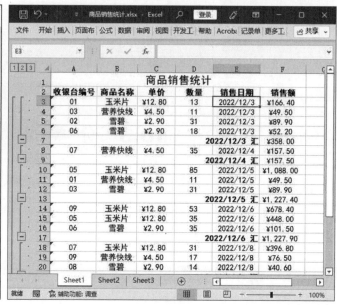

图 10-23

智慧锦囊

创建分类汇总后，可以在【分级显示】选项组中单击【隐藏明细数据】按钮，将数据明细隐藏起来，只显示汇总结果。

10.3.2 课堂范例——嵌套分类汇总

嵌套分类汇总是指多条件的汇总，即以一个条件汇总后，在该条件汇总的明细数据中再以第二个条件汇总。例如，汇总了每种商品的销售额后，再对每种商品在同一销售日期的销售额进行汇总。下面介绍嵌套分类汇总的操作方法。

◀◀ 扫码看视频(本节视频课程时间：1 分 20 秒)

素材保存路径: 配套素材\第 10 章
素材文件名称: 商品销售统计.xlsx

第 1 步 打开本例的素材文件"商品销售统计.xlsx"，*1.* 选择数据区域中的任意单元格，*2.* 在【数据】选项卡的【排序和筛选】选项组中单击【排序】按钮，如图 10-24 所示。

第 2 步 弹出【排序】对话框，*1.* 设置【主要关键字】为【商品名称】，【排序依据】为【单元格值】，【次序】为【升序】，*2.* 单击【添加条件】按钮，如图 10-25 所示。

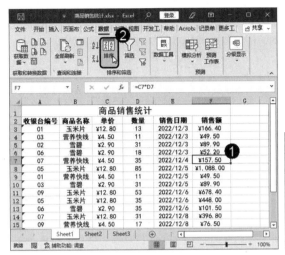

图 10-24　　　　　　　　　　　　　　图 10-25

第 3 步 在【排序】对话框中，*1.* 设置【次要关键字】为【销售日期】，【次序】为【升序】，*2.* 单击【确定】按钮，如图 10-26 所示。

第 4 步 对工作表进行排序后，单击【分级显示】选项组中的【分类汇总】按钮，如图 10-27 所示。

图 10-26　　　　　　　　　　　　　　图 10-27

第 5 步 弹出【分类汇总】对话框，*1.* 设置【分类字段】为【商品名称】，【汇总方式】为【求和】，*2.* 选中【销售额】复选框，*3.* 单击【确定】按钮，如图 10-28 所示。

第 6 步 此时在工作表中即可显示出每种商品的销售额总和，如图 10-29 所示。

第 7 步 再次打开【分类汇总】对话框，*1.* 设置【分类字段】为【销售日期】，【汇总方式】为【求和】，*2.* 在【选定汇总项】列表框中选中【销售额】复选框，*3.* 取消选中

【替换当前分类汇总】复选框，**4.** 单击【确定】按钮，如图 10-30 所示。

第 8 步　显示嵌套分类汇总结果，不仅统计了每种商品的销售额总和，还统计了每种商品在同一日期的销售额总和，如图 10-31 所示。

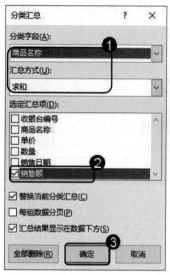

图 10-28

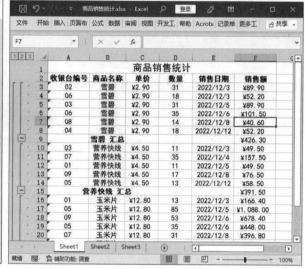

图 10-29

图 10-30

图 10-31

知识精讲

　　为了更方便地查看和研究数据，可以对数据进行分级组合。先选择需要创建为组的行或列，在【数据】选项卡的【分级显示】选项组中单击【组合】下拉按钮，在展开的下拉列表中选择【组合】选项，在弹出的对话框中设置按行或按列创建，再单击【确定】按钮。此时所选的行或列会自动划分为一组，并和分类汇总一样，显示折叠符号。

10.3.3　课堂范例——分级查看数据

对数据进行分类汇总后，工作表左侧将出现一个分级显示栏，通过分级显示栏中的分级显示符号可分级查看表格数据。本例详细介绍分级查看数据的操作方法。

◀◀ 扫码看视频(本节视频课程时间：18 秒)

素材保存路径: 配套素材\第 10 章
素材文件名称: 商品销售统计.xlsx

第 1 步 打开本例的素材文件"商品销售统计.xlsx"，单击分级显示栏上方的数字按钮，可实现分类汇总和总计的汇总，如图 10-32 所示。

第 2 步 单击【显示】按钮➕或【隐藏】按钮➖，可显示或隐藏单个分类汇总的明细行，如图 10-33 所示。

图 10-32

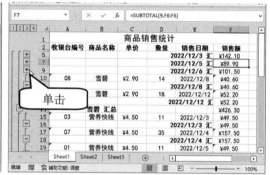

图 10-33

智慧锦囊

如果不再需要工作表中的分类汇总，可以在【分类汇总】对话框中单击【全部删除】按钮，将工作表中的分类汇总清除。

10.4　创建数据透视表与透视图

在 Excel 中，图表不仅能增强视觉效果，美化表格，还能更直观、更形象地显示出表格中各个数据之间的复杂关系，更易于理解和交流。本节将详细介绍创建与编辑数据透视表与透视图的方法。

10.4.1 创建数据透视表

数据透视表是一种交互式的表格，可以进行某些统计，如求和与计数等。用户可以动态地改变数据透视表的版面布局，以便按照不同方式分析数据，也可以重新安排行、列标签和页字段。每一次改变版面布局时，数据透视表会立即按照新的布局方式重新计算数据。在创建数据透视表之前，首先须将数据组织好，确保数据中的第一行包含列标签，然后必须确保表格中含有数字的文本。下面介绍创建数据透视表的操作方法。

第1步 打开准备创建数据透视表的工作表，**1.** 选择【插入】选项卡，**2.** 在【表格】选项组中单击【数据透视表】按钮，如图 10-34 所示。

第2步 弹出【来自表格或区域的数据透视表】对话框，**1.** 选中【新工作表】单选按钮，**2.** 单击【确定】按钮，如图 10-35 所示。

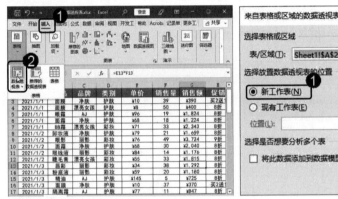
图 10-34

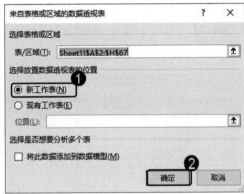
图 10-35

第3步 此时在工作表右侧展开了【数据透视表字段】窗格，在【选择要添加到报表的字段】列表框中选中需要的字段，如图 10-36 所示。

第4步 经过以上操作后，在工作表中便自动生成了相应的数据透视表，如图 10-37 所示。

图 10-36   图 10-37

10.4.2 在数据透视表中筛选数据

如果在筛选器中设置了字段，那么可以根据设置的筛选字段快速筛选数据。下面详细介绍在数据透视表中筛选数据的方法。

第 1 步 打开创建了数据透视表的工作表，*1.* 单击筛选字段所在的单元格 A3 右侧的下拉按钮，*2.* 在弹出的下拉列表中选中【隔离霜】复选框，*3.* 单击【确定】按钮，如图 10-38 所示。

第 2 步 此时即可筛选出隔离霜的销售汇总数据，并在单元格 A3 的右侧出现一个筛选按钮，如图 10-39 所示。

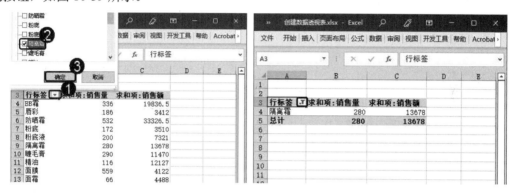

图 10-38　　　　　　　　　　　　　　图 10-39

10.4.3 对透视表中的数据进行排序

如果需要对数据透视表中的数据进行排序，可以使用下面的方法。

第 1 步 *1.* 单击【行标签】右侧的下拉按钮，*2.* 在弹出的下拉列表中选择【降序】选项，如图 10-40 所示。

第 2 步 此时即可看到透视表以商品名称的拼音首字母降序顺序显示的数据，如图 10-41 所示。

图 10-40　　　　　　　　　　　　　　图 10-41

知识精讲

　　使用数据透视表进行分析时，如果需要更改数据源，可以按照以下方法进行操作：切换至【数据透视表分析】选项卡，单击【更改数据源】按钮，重新返回数据源工作表选择需要的单元格区域，完毕后在对话框中单击【确定】按钮。如果更改了数据源数据，可直接单击【刷新】按钮，在数据透视表中会显示更新后的数据信息。

10.4.4　创建与设置数据透视图

　　数据透视图是以图形形式表示的数据透视表。在数据透视图中，除具有标准图表的系列、分类、数据标记和坐标轴之外，还有一些特殊元素，如报表筛选字段、值字段、系列字段、项和分类字段等。数据透视图通常有一个使用相应布局的相关联的数据透视表，图与表中的字段相互对应。

　　首次创建数据透视表时可以自动创建数据透视图，也可以基于现有的数据透视表创建数据透视图。下面以基于现有的数据透视表创建数据透视图为例进行介绍。

　　第 1 步　选中数据透视表中的任意单元格，**1.** 选择【数据透视表分析】选项卡，**2.** 在【工具】选项组中单击【数据透视图】按钮，如图 10-42 所示。

　　第 2 步　弹出【插入图表】对话框，**1.** 选择【柱形图】选项，**2.** 选择【簇状柱形图】选项，**3.** 单击【确定】按钮，如图 10-43 所示。

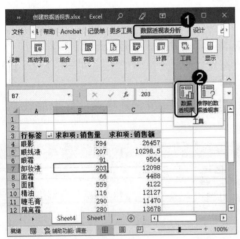

图 10-42

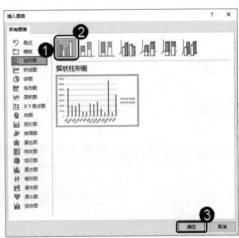

图 10-43

　　第 3 步　此时即可看到已经创建了一个数据透视图，为了仅显示"眼影"和"眼霜"的数据，**1.** 在【行标签】右侧单击下拉按钮，**2.** 在弹出的下拉列表中选中【眼影】和【眼霜】复选框，**3.** 单击【确定】按钮，如图 10-44 所示。

　　第 4 步　选中数据透视图，在【设计】选项卡的【图表样式】选项组中单击【快速样式】下拉按钮，在弹出的样式库中选择一种图表样式，即可完成创建与设置数据透视图的操作，如图 10-45 所示。

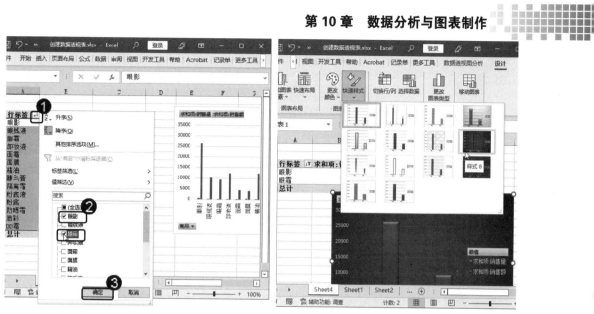

图 10-44　　　　　　　　　　　　　　　　图 10-45

10.4.5　筛选数据透视图中的数据

在【数据透视图字段】窗口中使用筛选功能，可以筛选数据透视图中的数据。下面详细介绍筛选数据透视图中的数据的操作方法。

第 1 步　选中数据透视图，**1.** 选择【数据透视图分析】选项卡，**2.** 在【显示/隐藏】选项组中单击【字段列表】按钮，如图 10-46 所示。

第 2 步　弹出【数据透视图字段】窗口，将【商品】字段拖动到【筛选】列表框中，如图 10-47 所示。

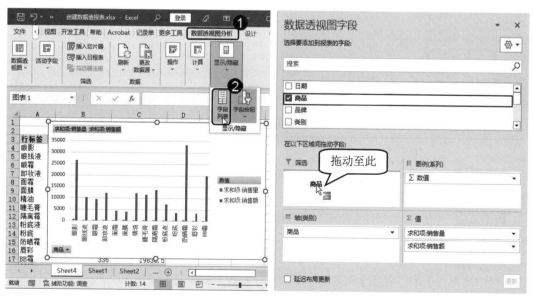

图 10-46　　　　　　　　　　　　　　　　图 10-47

第3步 此时即可看到在数据透视图的左上方生成一个名为"商品"的筛选按钮，如图 10-48 所示。

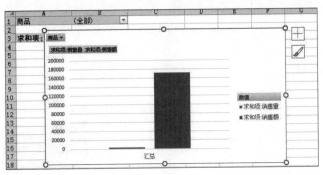

图 10-48

第4步 在【数据透视图字段】窗口中，将【品牌】、【类别】字段拖动到【轴(类别)】列表框中，如图 10-49 所示。

第5步 **1.** 单击【品牌】筛选按钮，**2.** 在弹出的下拉列表中选中【丽影】、【漂亮女孩】复选框，**3.** 单击【确定】按钮，如图 10-50 所示。

图 10-49

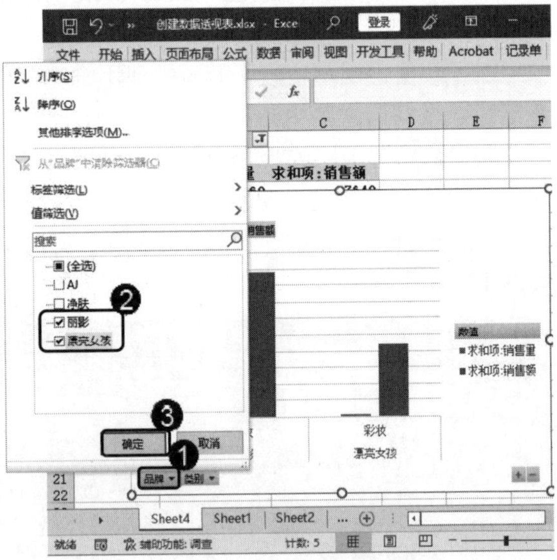

图 10-50

第6步 此时即可在图表中筛选出【丽影】和【漂亮女孩】两个品牌的销售情况，如图 10-51 所示。

第7步 单击左下角的【类别】筛选按钮，**1.** 在弹出的下拉列表中选中【全选】复选框，**2.** 单击【确定】按钮，如图 10-52 所示。

第8步 单击【商品】筛选按钮，**1.** 在弹出的下拉列表中先选中【选择多项】复选框，**2.** 再选中【眼影】和【眼霜】复选框，**3.** 单击【确定】按钮，如图 10-53 所示。

第9步 此时即可在图表中筛选出产品名称为"眼影"和"眼霜"两种产品的销售情况，如图 10-54 所示。

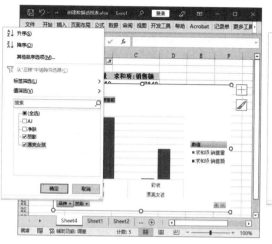

图 10-51

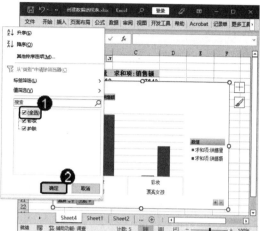

图 10-52

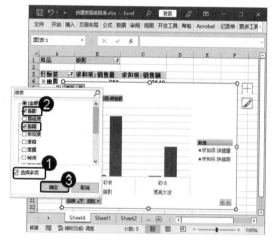

图 10-53

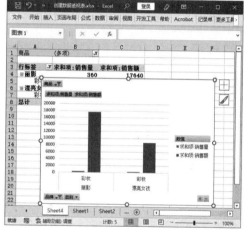

图 10-54

10.4.6　课堂范例——将数据透视图转换为普通图表

　　要想让数据透视图中的图表数据不随着字段的改变而改变，并保留原有的图表格式，可将数据透视图转换为普通图表。本例详细介绍将数据透视图转换为普通图表的操作方法。

◀◀ 扫码看视频(本节视频课程时间：22 秒)

素材保存路径：配套素材\第 10 章
素材文件名称：数据透视图转换.xlsx

　　第1步　打开本例的素材文件"数据透视图转换.xlsx"，选择数据透视表中的任意单元格，**1.** 切换至【数据透视表分析】选项卡，**2.** 在【操作】选项组中单击【选择】下拉按

钮，**3.** 在展开的下拉列表中选择【整个数据透视表】选项，如图 10-55 所示。

第 2 步 按 Delete 键后，即可将数据透视图转换为普通图表，如图 10-56 所示。

图 10-55

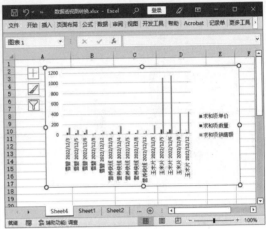

图 10-56

 智慧锦囊

制作好数据透视图后，可能图表标题并不符合表格中的数据内容，此时可选择数据透视图中的标题，在编辑栏中输入"="，再单击表格的标题单元格进行修改即可。

10.4.7 课堂范例——设置数据透视表样式

为数据透视表添加样式可以呈现更加美观的表格效果。在 Excel 2021 中内置了多种数据透视表样式，分为浅色、中等色、深色三类。本例详细介绍设置数据透视表样式的操作方法。

◀◀ 扫码看视频(本节视频课程时间：24 秒)

 素材保存路径：配套素材\第 10 章
素材文件名称：设置数据透视表样式.xlsx

第 1 步 打开本例的素材文件"设置数据透视表样式.xlsx"，选择数据透视表中的任意单元格，**1.** 切换至【设计】选项卡，**2.** 在【数据透视表样式】选项组中单击【其他】按钮，如图 10-57 所示。

第 2 步 在展开的样式库中选择【深灰色，数据透视表样式深色 10】样式，如图 10-58 所示。

第 3 步 此时就对工作表中的数据透视表应用了选择的样式，如图 10-59 所示。

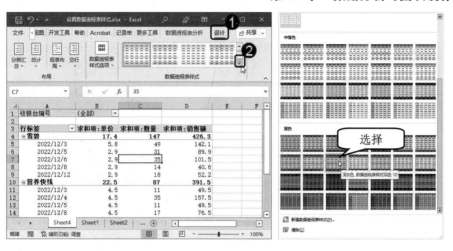

图 10-57　　　　　　　　　　　　　　图 10-58

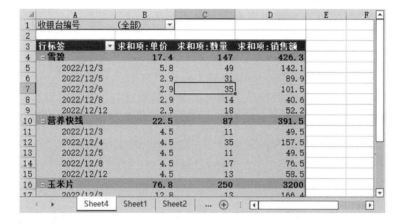

图 10-59

10.5　认识与使用图表

Excel 2021 提供了许多内置的图表，这些图表的样式和布局都已经设计好，可以直接将工作表中的数据绘制在图表中。与繁杂、抽象的数据信息相比，图表更加简洁、形象，更易于理解和分析，说服力更强，从而能够达到更好的信息传播效果。本节将详细介绍图表的相关知识。

10.5.1　图表的组成和类型

在 Excel 2021 中，图表由图表区、绘图区、图表标题、数据系列、图例项和坐标轴等部分组成，不同的元素构成不同的图表，如图 10-60 所示。

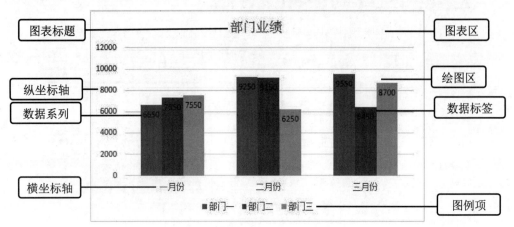

图 10-60

Excel 2021 提供了 10 余种图表类型。每种图表的表达形式都不同，只有根据实际的需求来选择图表类型才能更好地分析数据。下面介绍几种常用的图表类型。

1. 柱形图

柱形图是 Excel 默认的图表类型，主要用于数据的统计与分析，可以显示一段时间内数据变化或各项数据之间的比较情况。柱形的水平轴表示组织类型，垂直轴则表示数值。比较或显示数据之间差异时适合使用柱形图，如图 10-61 所示。

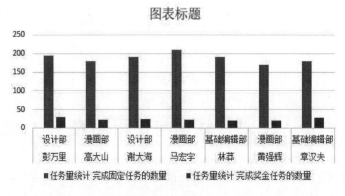

图 10-61

2. 折线图

折线图可以显示随时间(根据常用比例设置)而变化的连续数据。通常绘制折线图时，类别数据沿水平轴均匀分布，所有值数据沿垂直轴均匀分布。折线图一般适用于显示一段时期内数据的变化趋势，如图 10-62 所示。

3. 饼图

饼图可以非常清晰、直观地反映统计数据中各项所占的百分比或某个单项占总体的比例，使用饼图能够非常方便地查看整体与个体之间的关系。饼图的特点是只能将工作表中的一列或一行绘制到饼图中，适合显示某一数据值占总数据的比例，如图 10-63 所示。

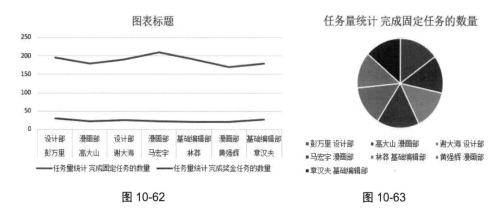

图 10-62　　　　　　　　　　　图 10-63

4. 条形图

条形图是用来描绘各个项目之间数据差别情况的一种图表。条形图重点强调的是在特定时间点上，分类轴和数值之间的比较。条形图主要包括簇状条形图、堆积条形图、百分比堆积条形图、三维簇状条形图、三维堆积条形图和三维百分比堆积条形图。图 10-64 所示为簇状条形图。

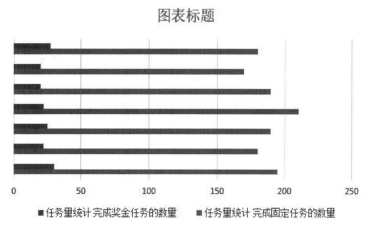

图 10-64

5. 面积图

面积图用于显示某个时间阶段内总数与数据系列的关系。面积图强调数量随时间而变化的程度，还可以使观看图表的人更加注意总值的变化趋势。面积图可以利用直线将每个数据系列连接起来，主要适用于显示数量随时间变化的效果，如图 10-65 所示。

6. 散点图

散点图又称 XY 散点图，用于显示若干数据系列中各数值之间的关系，利用散点图可以绘制函数曲线。散点图通常用于显示和比较数值，如科学数据、统计数据或工程数据等。XY 散点图包括 5 种类型，即带数据标记的散点图、带平滑线和数据标记的散点图、带平滑线的散点图、带直线和数据标记的散点图和带直线的散点图。图 10-66 所示为带数据标记的散点图。

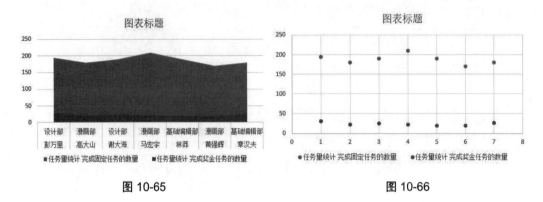

图 10-65   图 10-66

7. 股价图

股价图是经常用来分析并显示股价的波动和走势的图表。在实际工作中，股价图也可以用于计算和分析科学数据。需注意的是，用户必须按正确的顺序组织数据才能创建股价图。股价图分为盘高-盘低-收盘图、开盘-盘高-盘低-收盘图、成交量-盘高-盘低-收盘图和成交量-开盘-盘高-盘低-收盘图四个子类型，如图 10-67 所示。

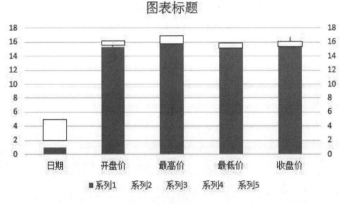

图 10-67

8. 曲面图

曲面图主要用于寻找两组数据之间的最佳组合。当 Excel 工作表中数据较多，而用户又准备找到两组数据之间的最佳组合时，可以使用曲面图。曲面图主要包含四种子类型，分别为曲面图、曲面图(俯视框架图)、三维曲面图和三维线框曲面图。三维曲面图如图 10-68 所示。

9. 雷达图

雷达图用于显示数据中心点以及数据类别之间的变化趋势，也可以将覆盖的数据系列用不同的演示效果显示出来。雷达图主要包括普通雷达图、带数据标记的雷达图和填充雷达图等三种电子图表类型。带数据标记的雷达图如图 10-69 所示。

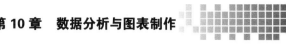

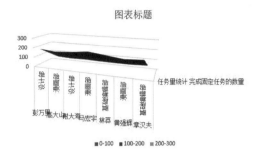

图 10-68

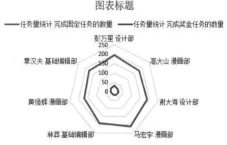

图 10-69

10. 树状图

树状图，就是通过矩形面积的大小来表示各维度的占比。通过树状图能比较直观地看到各个维度占总体的百分比，而且对维度的数量限制不大。树状图适合比较层次结构内的比例，但是不适合显示最大类别与各数据点之间的层次结构级别，如图 10-70 所示。

11. 组合图

组合图是将不同类型的图表进行组合，以满足需要的图表。一般情况下，创建图表都是基于一种图表进行显示，当对一些数据进行特殊分析，一种图表类型无法达到分析数据的要求与目的时，可以通过图表类型之间的相互配合，将数据更全面、更直观地展现出来，如图 10-71 所示。

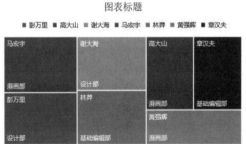

图 10-70

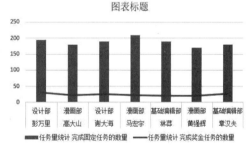

图 10-71

10.5.2　根据现有数据创建图表

Excel 的图表类型很多，创建图表时应该根据分析数据的最终目的来选择适合的图表类型，用户只需要根据实际需要进行选择，并插入图表即可。下面详细介绍根据现有数据创建图表的操作方法。

第 1 步　将光标定位在工作表的数据区域中，**1.** 选择【插入】选项卡，**2.** 在【图表】选项组中单击【柱形图】下拉按钮，**3.** 在弹出的下拉列表中选择【簇状柱形图】选项，如图 10-72 所示。

第 2 步　图表已经插入到表格中，选中图表标题，输入新名称，如图 10-73 所示。

第 3 步　通过上述步骤即可完成根据现有数据创建图表的操作，效果如图 10-74 所示。

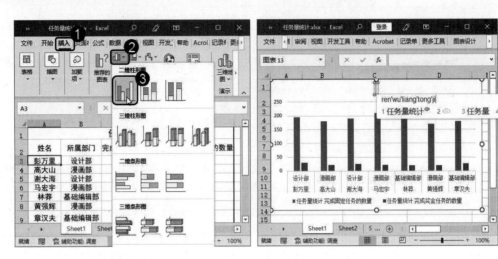

图 10-72   图 10-73

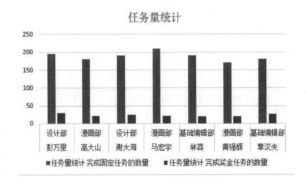

图 10-74

智慧锦囊

　　如果未选择数据区域就直接在【插入】选项卡的【图表】选项组中选择图表类型，则会插入一个空白的图表，此时可在【图表设计】选项卡的【数据】选项组中单击【选择数据】按钮来为图表添加数据区域。

10.5.3　调整图表的大小和位置

　　在图表的四周分布着 8 个控制柄，使用鼠标拖动这 8 个控制柄中的任意一个就可以改变图表的大小；选中图表，按住鼠标左键进行拖动即可改变图表的位置。下面介绍调整图表大小和位置的操作方法。

　　第 1 步　选中图表，将鼠标指针移动到图表上，此时鼠标指针变成"十"字箭头，按住鼠标左键并向右下方拖动，如图 10-75 所示。

　　第 2 步　至适当位置释放鼠标左键，可以看到图表的位置已经发生改变，如图 10-76 所示。通过以上步骤即可完成调整图表位置的操作。

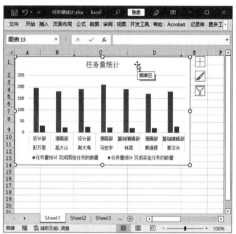

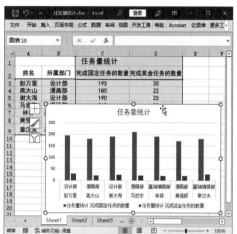

图 10-75　　　　　　　　　　　　　　　图 10-76

第 3 步 选中图表，将鼠标指针移动至图表右下角的控制柄上，此时鼠标指针变成双箭头，按住鼠标左键向左上方拖动，如图 10-77 所示。

第 4 步 至适当位置释放鼠标，可以看到图表已经变小，如图 10-78 所示。通过以上步骤即可完成调整图表大小的操作。

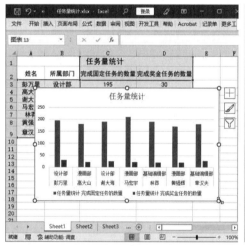

图 10-77　　　　　　　　　　　　　　　图 10-78

知识精讲

如果需要重复使用制作好的图表，可以将该图表作为图表模板保存在图表模板文件夹中，这样在下次创建同类图表时就可以直接套用。保存 Excel 图表为模板的方法如下：右击要保存为模板的图表，在弹出的快捷菜单中选择【另存为模板】命令，打开【保存图表模板】对话框，设置好文件名，单击【保存】按钮，即可完成图表模板的保存操作。

10.5.4 课堂范例——更改图表类型

在 Excel 2021 中创建图表后，如果对图表类型不满意或希望从其他角度分析数据，可以更改当前图表的图表类型。下面详细介绍更改图表类型的操作方法。

◄◄ 扫码看视频(本节视频课程时间：35 秒)

素材保存路径：配套素材\第 10 章
素材文件名称：销售费用统计表.xlsx

第 1 步　打开本例的素材文件"销售费用统计表.xlsx"，选中已创建的图表，**1.** 选择【图表设计】选项卡，**2.** 在【类型】选项组中单击【更改图表类型】按钮，如图 10-79 所示。

第 2 步　弹出【更改图表类型】对话框，**1.** 在左侧列表框中选择【柱形图】选项，**2.** 选择子类型，如【三维簇状柱形图】，**3.** 单击【确定】按钮，如图 10-80 所示。

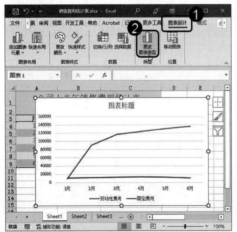

图 10-79

图 10-80

第 3 步　工作表中的图表由折线图变为柱形图，通过查看柱形图，更容易比较每个月的销售费用的大小，这样即可完成更改图表类型的操作，如图 10-81 所示。

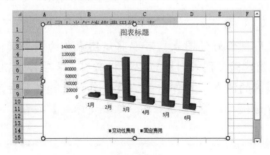

图 10-81

智慧锦囊

如果更改了数据区域中的数值，图表中的数据系列会自动发生相应的变化。

10.6　实践案例与上机指导

通过本章的学习，读者基本可以掌握数据分析与图表制作的基本知识以及一些常见的操作方法。下面通过练习操作，达到巩固学习、拓展提高的目的。

10.6.1　更改图表布局

图表布局是指图表的各组成元素在图表中的显示位置。Excel 2021 提供了多种图表布局方式，用户可根据实际需求选择。本例详细介绍更改图表布局的操作方法。

◀◀ 扫码看视频(本节视频课程时间：28 秒)

素材保存路径：配套素材\第 10 章
素材文件名称：更改图表布局.xlsx

第 1 步 打开本例的素材文件"更改图表布局.xlsx"，选中已创建的图表，**1.** 在【图表设计】选项卡中单击【快速布局】按钮，**2.** 在展开的库中选择【布局 2】样式，如图 10-82 所示。

第 2 步 此时为图表应用了预设的图表布局，选择图表标题，如图 10-83 所示。

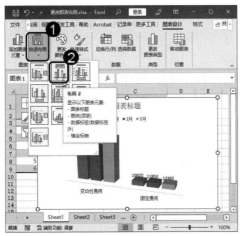

图 10-82

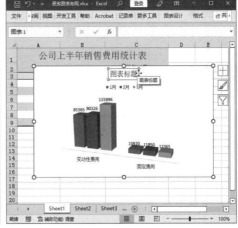

图 10-83

第3步 在图表标题中输入"公司第一季度销售费用统计图",为图表命名,这样即可完成更改图表布局的操作,如图 10-84 所示。

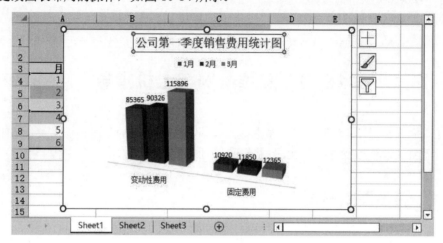

图 10-84

10.6.2 套用图表样式

套用图表样式是指在图表样式库中选择预设的样式来对图表进行整体美化。本例详细介绍套用图表样式的操作方法。

◀◀ 扫码看视频(本节视频课程时间:22 秒)

素材保存路径: 配套素材\第 10 章
素材文件名称: 员工提成统计表.xlsx

第1步 打开本例的素材文件"员工提成统计表.xlsx",选中已创建的图表,*1.* 在【图表设计】选项卡的【图表样式】选项组中单击【快速样式】按钮,*2.* 在展开的样式库中选择【样式 9】样式,如图 10-85 所示。

第2步 此时应用了预设的图表样式,图表更为美观,这样即可完成套用图表样式的操作,如图 10-86 所示。

知识精讲

为一个图表设置好格式后,可能需要将这种格式应用到其他图表上,但是 Excel 图表不支持格式刷功能,这时通过粘贴的方法就能达到目的:选择已格式化好的图表,复制后选择目标图表,单击【粘贴】下拉按钮,在展开的下拉列表中选择【选择性粘贴】选项,在弹出的对话框中选中【格式】单选按钮,再单击【确定】按钮,即可应用源图表格式。

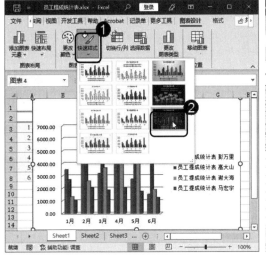

图 10-85

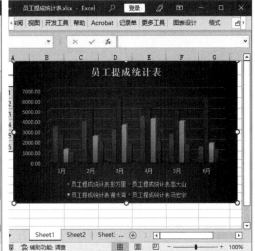

图 10-86

 智慧锦囊

为图表套用图表样式后，有可能对图表的配色不满意，此时可以单击【图表样式】选项组中的【更改颜色】下拉按钮，在展开的下拉列表中选择满意的颜色。

10.7　思考与练习

一、填空题

1. _____ 一般用于简单的条件筛选，原理是将不满足条件的数据暂时隐藏起来，只显示符合条件的数据。

2. _____ 可筛选出同时满足多个条件的内容，或满足多个条件中的某个条件的内容，而且还可以把筛选的结果复制到指定的地方，更方便进行对比。

3. 在创建数据透视表之前，首先需将数据组织好，确保数据中的第一行包含_____，然后必须确保表格中含有数字的文本。

4. _____ 是用来描绘各个项目之间数据差别情况的一种图表。它重点强调的是在特定时间点上，分类轴和数值之间的比较。

5. _____ 可以非常清晰、直观地反映统计数据中各项所占的百分比或某个单项占总体的比例。

6. _____ 用于显示数据中心点以及数据类别之间的变化趋势，也可以将覆盖的数据系列用不同的演示显示出来。

7. _____ 是将不同类型的图表进行组合，以满足需要的图表。

二、判断题

1. 为了便于比较工作表中的数据，可以先对数据进行排序。数据排序是指按一定规则对数据进行整理、排列的操作。 （　　）

2. 简单分类汇总是指只针对一个分类字段的汇总。在对数据进行分类汇总之前，一定要保证分类字段是按照一定顺序排列的，否则无法得到正确的汇总结果。 （　　）

3. 对数据进行分类汇总后，工作表左侧将出现一个分级显示栏，通过分级显示栏中的分级显示符号可分级查看表格数据。 （　　）

4. 数据透视图通常有一个使用相应布局的相关联的数据表，图与表中的字段相互对应。 （　　）

5. 数据透视图是以图形形式表示的数据透视表。在数据透视图中，除具有标准图表的系列、分类、数据标记和坐标轴之外，还有一些特殊元素，如报表筛选字段、值字段、系列字段、项和分类字段等。 （　　）

6. 散点图强调数量随时间而变化的程度，还可以使观看图表的人更加注意总值趋势的变化。 （　　）

7. 树状图适合比较层次结构内的比例，但是不适合显示最大类别与各数据点之间的层次结构级别。 （　　）

三、思考题

1. 如何进行单条件排序？
2. 如何创建数据透视表？
3. 如何根据现有数据创建图表？

第 11 章

PowerPoint 2021 演示文稿

基本操作

本章要点

- 📖 演示文稿的基本操作
- 📖 幻灯片的基本操作
- 📖 输入与编辑文本格式

本章主要内容

　　本章主要介绍演示文稿、幻灯片基本操作方面的知识与技巧，同时讲解输入与编辑文本格式的方法。在本章的最后还针对实际的工作需求，讲解设置文字方向、分栏显示的方法。通过本章的学习，读者可以掌握 PowerPoint 2021 演示文稿基本操作方面的知识，为深入学习 Office 2021 知识奠定基础。

11.1 演示文稿的基本操作

PowerPoint 是用于制作和放映演示文稿的组件，在会议、培训、演讲中有广泛应用。它可以制作出包含文本、图片、音频、视频等丰富内容的幻灯片，还能添加动画效果和切换效果来让演示内容更加吸引眼球。本节介绍演示文稿的基本操作，主要包括创建空白演示文稿、根据模板创建演示文稿等内容，以帮助读者快速掌握演示文稿的制作方法。

11.1.1 创建空白演示文稿

启动 PowerPoint 2021 后，就可以创建空白演示文稿，新建空白演示文稿是 PowerPoint 中最基本的操作。新建的空白演示文稿默认自带一张幻灯片。

第 1 步 启动 PowerPoint 2021，在开始界面的右侧面板中单击【空白演示文稿】图标，如图 11-1 所示。

第 2 步 此时创建了一个默认版式的空白演示文稿，并且自动命名为"演示文稿 1"，如图 11-2 所示。

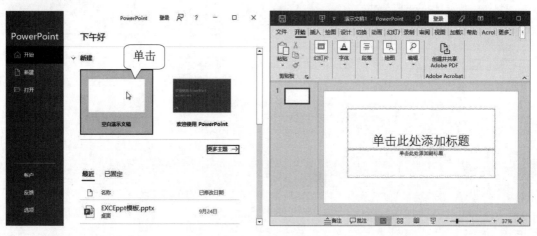

图 11-1　　　　　　　　　　图 11-2

11.1.2 课堂范例——根据模板创建演示文稿

在 PowerPoint 2021 选择模板界面中，用户除了可以选择空白模板之外，还可以根据自身需要选择其他模板，例如肥皂、环保、离子、积分引用、平面、切片、天体、视图、视差、丝状、离子会议室等模板。同时，用户可以根据演示文稿的显示比例进行模板的选择，还可以根据幻灯片的内容来选择模板。本例详细介绍根据模板创建演示文稿的操作方法。

◀◀ 扫码看视频(本节视频课程时间：23 秒)

第1步 启动 PowerPoint 2021，执行【文件】→【新建】命令后，单击准备应用的模板类型，如【肥皂】，如图 11-3 所示。

第2步 弹出【肥皂】模板创建窗口，单击【创建】按钮，如图 11-4 所示。

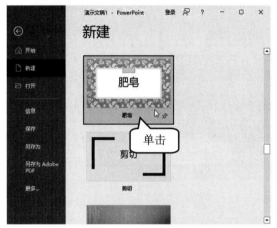
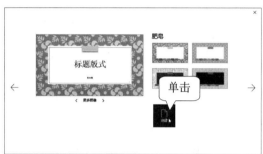

图 11-3　　　　　　　　　　　　　　　　　图 11-4

第3步 可以看到已经创建了一个【肥皂】版式的演示文稿，如图 11-5 所示。通过以上步骤即可完成根据模板创建演示文稿的操作。

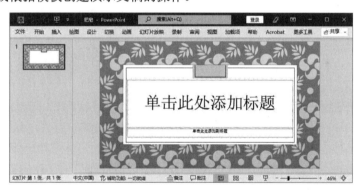

图 11-5

11.2　幻灯片的基本操作

如果准备在 PowerPoint 2021 中制作幻灯片，首先需要了解幻灯片的操作方法，例如选择幻灯片、新建和删除幻灯片，以及移动与复制幻灯片等，为幻灯片的使用打下基础。本节将详细介绍一些幻灯片的基本操作方法。

11.2.1　选择幻灯片

在 PowerPoint 中进行幻灯片的编辑操作时，首先需要选择幻灯片，在大纲区单击准备选择的幻灯片缩略图选项即可选择幻灯片，如图11-6所示。

图 11-6

11.2.2 新建和删除幻灯片

一个演示文稿通常包含多张幻灯片，但新建的空白演示文稿中只有一张幻灯片，难以满足需求，于是就需要插入更多不同版式的幻灯片。创建了一组幻灯片后，如果发现某张幻灯片不能满足需要，可将其删除。被删除的幻灯片之后的其他幻灯片的编号将发生相应的变化。下面详细介绍新建和删除幻灯片的操作方法。

第 1 步 创建空白演示文稿后，*1.* 选择【开始】选项卡，单击【幻灯片】选项组中的【新建幻灯片】下拉按钮，*2.* 在展开的库中选择【标题和内容】版式，如图11-7所示。

第 2 步 此时插入了一张【标题和内容】版式的幻灯片，即左边幻灯片浏览窗格中显示的序号为"2"的幻灯片，如图11-8所示。这样即可完成新建幻灯片的操作。

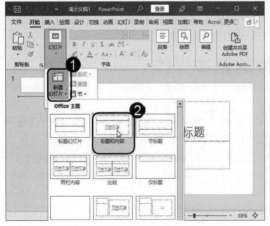

图 11-7

图 11-8

第 3 步 **1.** 在幻灯片浏览窗格中右击要删除的幻灯片，**2.** 在弹出的快捷菜单中选择【删除幻灯片】命令，如图 11-9 所示。

第 4 步 此时即删除了一张幻灯片，幻灯片数量由 5 张变为 4 张，幻灯片序号发生相应的变化，如图 11-10 所示。这样即可完成删除幻灯片的操作。

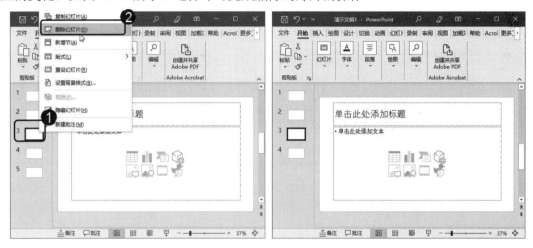

图 11-9　　　　　　　　　　　　　图 11-10

智慧锦囊

　　单击【新建幻灯片】下拉按钮，在展开的幻灯片库中选择并插入某个版式的幻灯片后，若想再次插入相同版式的幻灯片，可按 Ctrl+M 组合键。另外，用户还可以在幻灯片浏览窗格中选择幻灯片，按 Delete 键将其删除。

11.2.3　课堂范例——移动和复制幻灯片

　　插入多张幻灯片并输入文本内容后，可能需要调整某些幻灯片的顺序，此时就要移动幻灯片。幻灯片被移动后，在幻灯片浏览窗格中幻灯片的编号将发生相应变化。为了提高工作效率，当需要制作一张相同格式或内容差不多的幻灯片时，可以复制已有的幻灯片，在复制生成的幻灯片中对内容稍做修改，即可快速完成一张新幻灯片的制作。本例详细介绍移动和复制幻灯片的操作方法。

◀◀ 扫码看视频(本节视频课程时间：33 秒)

素材保存路径：配套素材\第 11 章
素材文件名称：设计元素在 PPT 中的运用.pptx

第 1 步 打开本例的素材文件"设计元素在 PPT 中的运用.pptx"，在幻灯片浏览窗格中选择要移动的第 5 张幻灯片，拖动至合适的位置，如拖动到第 3 张幻灯片的上方，如图 11-11 所示。

第2步 释放鼠标后,将第 5 张幻灯片移动到了第 3 张幻灯片的位置,幻灯片的编号自动更新,如图 11-12 所示。

图 11-11

图 11-12

第3步 *1.* 在幻灯片浏览窗格中右击需要复制的幻灯片,*2.* 在弹出的快捷菜单中选择【复制幻灯片】命令,如图 11-13 所示。

第4步 此时在所选幻灯片下方自动生成了一张相同的幻灯片,这样即可完成复制幻灯片的操作,如图 11-14 所示。

图 11-13

图 11-14

知识精讲

　　在制作幻灯片时,可能会需要重复使用其他演示文稿中的幻灯片,此时可以应用【重用幻灯片】功能。首先在幻灯片浏览窗格中要放置重用幻灯片的位置单击,再在【开始】选项卡中单击【新建幻灯片】下拉按钮,在展开的下拉列表中选择【重用幻灯片】选项,然后在打开的【重用幻灯片】窗格中选择要使用的演示文稿,并选择相应幻灯片即可。如果希望插入的重用幻灯片保留原本的格式,则要选中【保留源格式】复选框。

11.3　输入与编辑文本格式

在 PowerPoint 2021 中创建完演示文稿后，需要在幻灯片中输入文本，并对文本格式和段落格式等进行设置，从而达到使演示文稿风格独特、样式美观的目的。本节将介绍输入与编辑文字格式的操作方法。

11.3.1　在演示文稿中添加文本

在 PowerPoint 2021 中，单击虚线边框标识占位符中的任意位置即可输入文字。下面详细介绍在演示文稿中添加文本的操作方法。

第 1 步　启动 PowerPoint 2021，单击准备输入文本的占位符，将光标定位在占位符中，如图 11-15 所示。

第 2 步　输入文本内容，如图 11-16 所示。

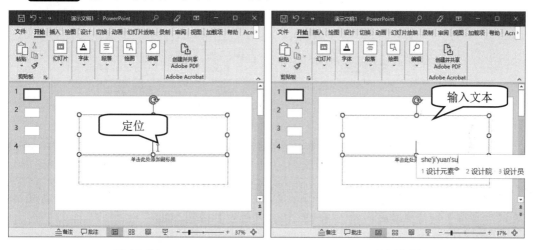

图 11-15　　　　　　　　　　　　　　　　图 11-16

第 3 步　通过以上步骤即可完成在演示文稿中添加文本的操作，效果如图 11-17 所示。

图 11-17

11.3.2 设置文本格式

用户可以根据演示文稿所要表达的内容，将文稿中的文本设置为符合要求的格式，如字体、字号、字体样式等，从而使演示文稿更加美观，使宣传、演讲等工作可以更好地被观众所接受。下面详细介绍设置文本格式的操作方法。

第1步 选中准备设置文本格式的文本内容，**1.** 选择【开始】选项卡，**2.** 单击【字体】选项组中的【启动器】按钮，如图 11-18 所示。

第2步 弹出【字体】对话框，**1.** 在【字体】选项卡下的【中文字体】下拉列表框中选择【宋体】，**2.** 在【字体样式】下拉列表框中选择【加粗 倾斜】，**3.** 在【大小】数值微调框中选择 80，如图 11-19 所示。

图 11-18

图 11-19

第3步 选择【字符间距】选项卡，**1.** 在【间距】下拉列表框中选择【加宽】选项，**2.**在【度量值】数值微调框中输入 5，**3.** 单击【确定】按钮，如图 11-20 所示。

第4步 通过上述步骤即可完成设置文本格式的操作，效果如图 11-21 所示。

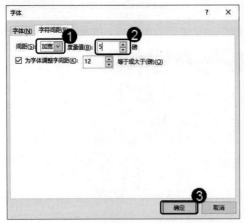

图 11-20

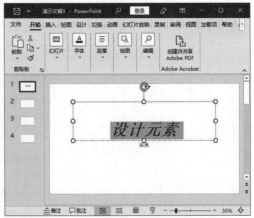

图 11-21

11.3.3　设置段落格式

在 PowerPoint 2021 中，用户不仅可以自定义设置文本的格式，还可以根据具体的目标或要求对幻灯片的段落格式进行设置。下面详细介绍设置段落格式的操作方法。

第 1 步　选中准备设置段落格式的文本内容，*1.* 选择【开始】选项卡，*2.* 单击【段落】选项组中的【启动器】按钮，如图 11-22 所示。

第 2 步　弹出【段落】对话框，*1.* 在【缩进和间距】选项卡的【缩进】区域中设置【特殊】和【度量值】选项，*2.* 在【间距】区域中设置【行距】和【设置值】选项，*3.*单击【确定】按钮，如图 11-23 所示。

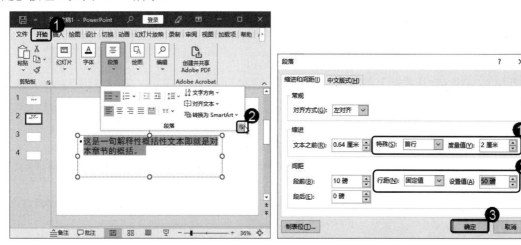

图 11-22　　　　　　　　　　　　　　　图 11-23

第 3 步　通过上述步骤即可完成设置段落格式的操作，效果如图 11-24 所示。

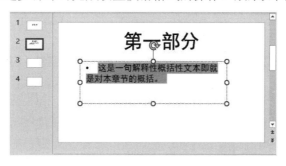

图 11-24

知识精讲

若需要在幻灯片中插入自动更新的日期和时间，可以在【插入】选项卡的【文本】选项组中单击【日期和时间】按钮，弹出【日期和时间】对话框，选择日期和时间的格式，选中【自动更新】复选框，最后单击【确定】按钮即可。

11.3.4　课堂范例——将文本转换成 SmartArt 图形

将文本转换为 SmartArt 图形是一种将现有幻灯片转换为商业设计插图的快速方法。本例详细讲解如何将文本转换成 SmartArt 图形的操作方法。

◀◀ 扫码看视频(本节视频课程时间：28 秒)

素材保存路径：配套素材\第 11 章
素材文件名称：文本转换.pptx

第 1 步　打开本例的素材文件"文本转换.pptx"，**1.** 在幻灯片中选择目标文本，**2.** 在【开始】选项卡的【段落】选项组中单击【转换为 SmartArt】按钮，如图 11-25 所示。

第 2 步　在弹出的 SmartArt 样式库中选择准备应用的图形样式，例如这里选择【基本维恩图】，如图 11-26 所示。

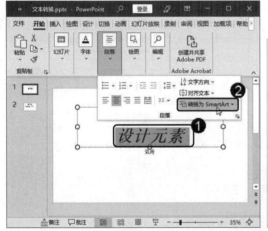

图 11-25

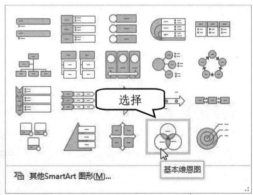

图 11-26

第 3 步　可以看到已经将所选择的文本转换为 SmartArt 图形，这样即可完成将文本转换成 SmartArt 图形的操作，如图 11-27 所示。

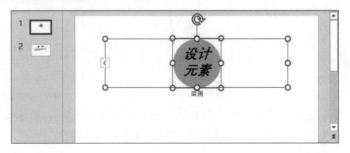

图 11-27

11.4　实践案例与上机指导

通过本章的学习，读者基本可以掌握 PowerPoint 2021 演示文稿的基本知识以及一些常见的操作方法。下面通过练习操作，达到巩固学习、拓展提高的目的。

11.4.1　设置文字方向

用户在 PowerPoint 2021 中插入一个图形或者文本框后，输入的文字方向都是默认的自左向右，其实用户还可以根据版式的要求设置文字方向的显示。本例详细介绍设置文字方向的操作方法。

◀◀ 扫码看视频(本节视频课程时间：30 秒)

素材保存路径：配套素材\第 11 章
素材文件名称：企业文化培训.pptx

第 1 步　打开本例的素材文件"企业文化培训.pptx"，选中第 8 张幻灯片文本框中的文本，**1.** 右键单击文本，**2.** 在弹出的快捷菜单中选择【设置文字效果格式】命令，如图 11-28 所示。

第 2 步　打开【设置形状格式】窗格，**1.** 选择【文本选项】选项卡，**2.** 单击【文字方向】右侧的下拉按钮，**3.** 在弹出的下拉列表中选择【竖排】选项，如图 11-29 所示。

图 11-28　　　　　　　　　　图 11-29

第 3 步　通过上述步骤即可完成设置文字方向的操作，效果如图 11-30 所示。

图 11-30

11.4.2　设置分栏显示

　　使用 PowerPoint 2021 编辑好演示文稿后，有些文字可能会挤在一起，不易辨识，这时可以设置分栏显示，以方便阅读。本例详细介绍设置文本分栏显示的操作方法。

◀◀ 扫码看视频(本节视频课程时间：36 秒)

 素材保存路径：配套素材\第 11 章
素材文件名称：环保宣传片.pptx

　　第 1 步　打开本例的素材文件"环保宣传片.pptx"，**1.** 选中第 7 张幻灯片中的文本并右击，**2.** 在弹出的快捷菜单中选择【设置文字效果格式】命令，如图 11-31 所示。

　　第 2 步　弹出【设置形状格式】窗格，**1.** 选择【形状选项】选项卡，**2.** 单击【大小与属性】按钮，**3.** 在【文本框】区域中单击【分栏】按钮，如图 11-32 所示。

图 11-31　　　　　　　　　　　　　　　图 11-32

第 3 步　弹出【栏】对话框，*1.* 在【数量】数值微调框中输入 2，*2.* 在【间距】数值微调框中输入 1.5 厘米，*3.* 单击【确定】按钮，如图 11-33 所示。

第 4 步　通过上述步骤即可完成设置分栏的操作，效果如图 11-34 所示。

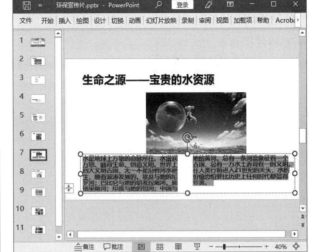

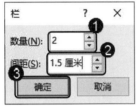

图 11-33　　　　　　　　　　　　　　　　图 11-34

11.5　思考与练习

一、填空题

1. 在 PowerPoint 中进行幻灯片的编辑操作时，首先需要选择幻灯片，在_____单击准备选择的幻灯片缩略图选项即可选择幻灯片。

2. 为了提高工作效率，当需要制作一张相同格式或内容差不多的幻灯片时，可以复制已有的幻灯片，在_____生成的幻灯片中对内容稍做修改，即可快速完成一张新幻灯片的制作。

3. 用户可以根据演示文稿所要表达的内容，将文稿中的文本设置为符合要求的格式，如_____、_____、_____等，从而使演示文稿更加美观，使宣传、演讲等工作可以更好地被观众所接受。

二、判断题

1. 启动 PowerPoint 2021 后，就可以创建空白演示文稿，新建空白演示文稿是 PowerPoint 中最基本的操作。新建的空白演示文稿默认自带一张幻灯片。　　　　　　　　　（　　）

2. 在 PowerPoint 选择模板界面中，用户除了可以选择空模板之外，还可以根据自身需要选择其他模板。　　　　　　　　　　　　　　　　　　　　　　　　　　　（　　）

3. 创建了一组幻灯片后，如果发现某张幻灯片不能满足需要，可将其删除。被删除的幻灯片之后的其他幻灯片的编号不会发生相应的变化。　　　　　　　　　　　　（　　）

4. 插入多张幻灯片并输入文本内容后，可能需要调整某些幻灯片的顺序，此时就要移动幻灯片。幻灯片被移动后，在幻灯片浏览窗格中幻灯片的编号将发生相应的变化。

（　　）

三、思考题

1. 如何创建空白演示文稿？
2. 如何新建和删除幻灯片？

新起点

电脑教程

第12章

美化和修饰演示文稿

本章要点

- 📖 插入图形与图片
- 📖 使用艺术字与文本框
- 📖 设计与使用母版
- 📖 插入视频与音频文件

本章主要内容

　　本章主要介绍插入图形与图片、使用艺术字与文本框、设计与使用母版方面的知识与技巧，同时讲解如何插入视频与音频文件。在本章的最后还针对实际的工作需求，讲解快速制作相册式演示文稿、在插入的音频中使用书签的方法。通过本章的学习，读者可以掌握美化和修饰演示文稿基础操作方面的知识，为深入学习 Office 2021 知识奠定基础。

12.1　插入图形与图片

PowerPoint 2021 提供了功能非常强大的绘图工具，包括线条、几何形状、箭头、公式形状、流程图形状等。用户可以在演示文稿中插入图形和图片，从而增强幻灯片的艺术效果，充实幻灯片的内容，增添幻灯片的趣味性。本节将介绍在 PowerPoint 2021 中插入图形与图片的操作方法。

12.1.1　绘制图形

自选图形包含圆、方形、箭头等图形，用户可以利用这些图形设计出自己需要的图案，以表达幻灯片的内容层次、流程等。下面介绍在演示文稿中绘制图形的操作方法。

第 1 步　打开一张空白的演示文稿，**1.** 选择【插入】选项卡，**2.** 单击【插图】选项组中的【形状】下拉按钮，**3.** 在打开的形状库中选择准备绘制的图形，如图 12-1 所示。

第 2 步　当鼠标指针变为"十"字形状时，在准备绘制图形的区域拖动鼠标，确认无误后释放鼠标左键，通过以上步骤即可完成绘制图形的操作，如图 12-2 所示。

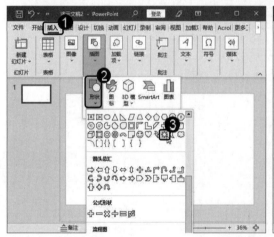

图 12-1

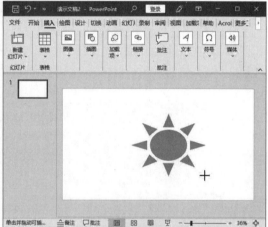

图 12-2

12.1.2　插入图片

用户可以将自己喜欢的图片保存在电脑中，然后在制作幻灯片时将这些图片插入 PowerPoint 2021 演示文稿中。下面详细介绍插入图片的操作方法。

第 1 步　打开准备插入图片的演示文稿，**1.** 选择【插入】选项卡，**2.** 在【图像】选项组中单击【图片】下拉按钮，**3.** 在打开的下拉列表中选择【此设备】选项，如图 12-3 所示。

第 2 步　弹出【插入图片】对话框，**1.** 选择准备插入图片的位置，**2.** 选中准备插入的图片，**3.** 单击【插入】按钮，如图 12-4 所示。

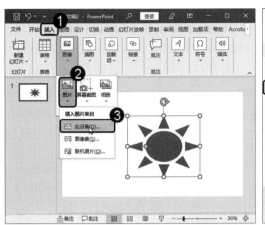

图 12-3

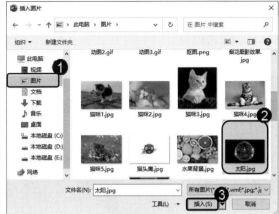

图 12-4

第 3 步 通过上述步骤即可完成插入图片的操作，效果如图 12-5 所示。

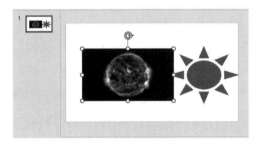

图 12-5

智慧锦囊

　　若需要获取幻灯片中的图片，可以选择该图片并右击鼠标，在弹出的快捷菜单中选择【另存为图片】命令，在弹出的对话框中选择保存图片的位置，再单击【保存】按钮即可。

12.1.3　课堂范例——插入相册

　　人们在外出旅游的时候会拍下许多相片留作纪念。为了将这些相片更好地保存在一起进行展示，可以通过 PowerPoint 的相册功能来实现。本例详细介绍插入相册的操作方法。

◀◀ 扫码看视频(本节视频课程时间：1 分 52 秒)

素材保存路径：配套素材\第 12 章
素材文件名称：猫咪 1.jpg～猫咪 4.jpg

第1步 新建一个空白的演示文稿，**1.** 选择【插入】选项卡，**2.** 单击【图像】进项组中的【相册】下拉按钮，**3.** 在展开的下拉列表中选择【新建相册】选项，如图 12-6 所示。

第2步 弹出【相册】对话框，在【相册内容】选项组中单击【文件/磁盘】按钮，如图 12-7 所示。

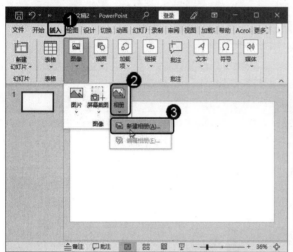

图 12-6

图 12-7

第3步 弹出【插入新图片】对话框，**1.** 打开图片保存的路径，**2.** 选择要加入相册的图片，**3.** 单击【插入】按钮，如图 12-8 所示。

第4步 返回到【相册】对话框，**1.** 在【相册中的图片】列表框中可以看见已经插入的图片，**2.** 单击【文件/磁盘】按钮，如图 12-9 所示。

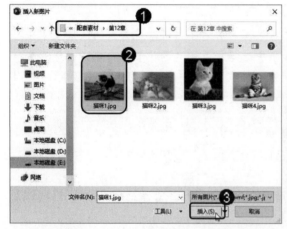

图 12-8

图 12-9

第5步 弹出【插入新图片】对话框，打开图片保存的路径后，**1.** 单击第二张要加入相册的图片，**2.** 单击【插入】按钮，如图 12-10 所示。

第6步 返回到【相册】对话框，在【相册中的图片】列表框中可以看见已插入第二张图片，**1.** 再次打开【插入新图片】对话框，按住 Ctrl 键的同时选择多张要插入的图片，将其编进相册，**2.** 单击【主题】选项右侧的【浏览】按钮，如图 12-11 所示。

 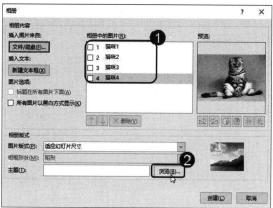

图 12-10　　　　　　　　　　　　　　　　　　　图 12-11

第 7 步　弹出【选择主题】对话框，系统默认进入主题路径，**1.** 选择要使用的主题文件，**2.** 单击【选择】按钮，如图 12-12 所示。

第 8 步　返回到【相册】对话框，在【主题】文本框中显示了主题路径，**1.** 在【相册版式】选项组中设置【图片版式】为【1 张图片】，**2.** 在【图片选项】选项组中选中【标题在所有图片下面】复选框，**3.** 单击【创建】按钮，如图 12-13 所示。

 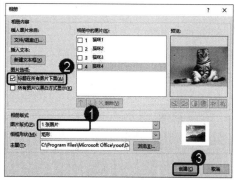

图 12-12　　　　　　　　　　　　　　　　　　　图 12-13

第 9 步　此时生成了一个新的演示文稿，并在其中创建了一个相册，将光标定位到第一张幻灯片的占位符中，输入相册的名称"可爱猫咪"，如图 12-14 所示。

第 10 步　切换至第二张幻灯片，在图片下方的标题文本框中输入图片的标题为"黑白猫咪"，根据需要设置其他图片的标题，完成整个相册的制作，如图 12-15 所示。

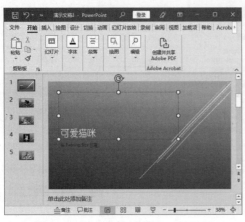

图 12-14

图 12-15

12.2 使用艺术字与文本框

使用 PowerPoint 2021 制作演示文稿时,为了使某些标题或内容更加醒目,经常会在幻灯片中插入艺术字和文本框,艺术字通常用于制作幻灯片的标题。本节将介绍在幻灯片中插入艺术字和文本框的相关操作方法。

12.2.1 插入艺术字

在 PowerPoint 2021 中插入艺术字可以美化幻灯片的页面,令幻灯片看起来更加吸引人。下面介绍在演示文稿中插入艺术字的操作方法。

第 1 步 打开一个空白的演示文稿,**1.** 选择【插入】选项卡,**2.** 在【文本】选项组中单击【艺术字】下拉按钮,**3.** 在打开的艺术字库中选择准备使用的艺术字样式,如图 12-16 所示。

第 2 步 插入默认文字内容为"请在此放置您的文字"的艺术字,如图 12-17 所示。

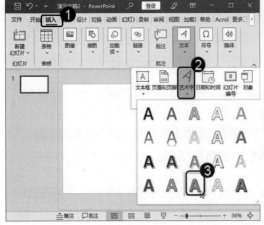

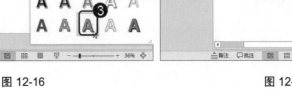

图 12-16

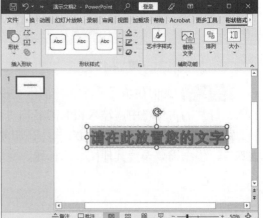

图 12-17

第 3 步 输入准备插入的内容，通过以上步骤即可完成插入艺术字的操作，效果如图 12-18 所示。

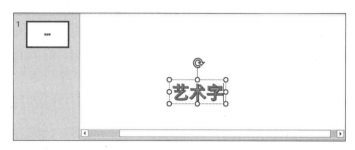

图 12-18

12.2.2 插入文本框

在编排演示文稿的工作中，有时需要将文字放置到幻灯片页面的特定位置上，此时可以通过向幻灯片中插入文本框来实现这一排版诉求。下面介绍插入文本框的相关操作方法。

第 1 步 打开一个空白的演示文稿，*1.* 选择【插入】选项卡，*2.* 在【文本】选项组中单击【文本框】下拉按钮，*3.* 在弹出的下拉列表中选择【绘制横排文本框】选项，如图 12-19 所示。

第 2 步 待鼠标指针变为"十"字形状后，在准备绘制文本框的区域拖动鼠标，确认无误后释放鼠标左键，如图 12-20 所示。

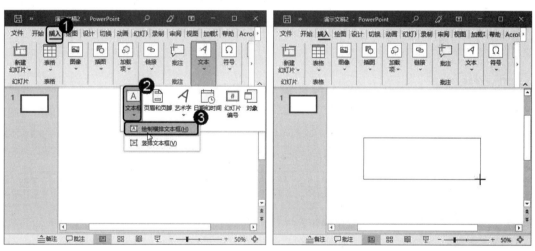

图 12-19　　　　　　　　　　　　图 12-20

第 3 步 此时可以看到在幻灯片中已经插入了一个空白文本框，输入内容，如图 12-21 所示。

第 4 步 为输入的文本内容设置字体、字号大小等即可完成插入文本框的操作，效果如图 12-22 所示。

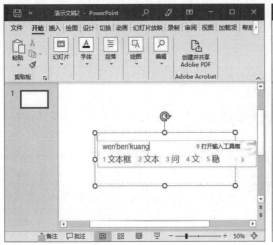

图 12-21 图 12-22

智慧锦囊

　　插入的艺术字默认是水平显示的，若要让艺术字在页面中以一定的角度显示，可以旋转艺术字。选择艺术字后，在其文本框上方会出现一个旋转手柄，单击并拖动该旋转手柄即可旋转艺术字，旋转至合适的角度后释放鼠标。

12.2.3　课堂范例——创建变形的艺术字效果

　　文字的变形处理是广告中常用的一种文字表现形式，通过变形文字可以使文字或柔美，或可爱，或犀利。通过变换艺术字的外形可创建更丰富的显示效果。本例详细介绍创建变形的艺术字效果的操作方法。

◀◀ 扫码看视频(本节视频课程时间：28 秒)

素材保存路径: 配套素材\第 12 章
素材文件名称: 艺术字.pptx

　　第1步 打开本例的素材文件"艺术字.pptx"，**1.** 选择演示文稿中的艺术字，**2.** 选择【形状格式】选项卡，**3.** 在【艺术字样式】选项组中单击【文本效果】下拉按钮，**4.** 在弹出的下拉列表中选择【转换】选项，如图 12-23 所示。

　　第2步 在展开的样式库中选择合适的样式，例如选择【腰鼓】效果，如图 12-24 所示。

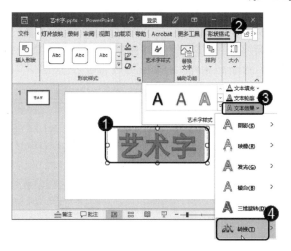

图 12-23　　　　　　　　　　　　　　　图 12-24

第 3 步　可以看到艺术字的形状已被改变，这样即可完成创建变形的艺术字效果，如图 12-25 所示。

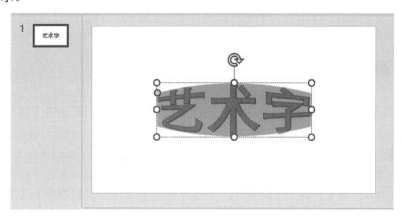

图 12-25

12.3　设计与使用母版

母版是定义演示文稿中所有幻灯片或页面格式的幻灯片视图或页面。每个演示文稿的每个关键组件都有一个母版，使用母版可以方便统一幻灯片的风格。母版分为三种，即幻灯片母版、讲义母版和备注母版。本节将介绍设计与使用母版的相关知识。

12.3.1　打开和关闭母版视图

使用母版视图前应熟悉对母版视图的基础操作。下面详细介绍打开和关闭母版视图的相关操作方法。

第 1 步　打开一个演示文稿，**1.** 选择【视图】选项卡，**2.** 在【母版视图】选项组中单击【幻灯片母版】按钮,如图 12-26 所示。

第 2 步 这样即可完成打开母版视图的操作,在【幻灯片母版】选项卡中单击【关闭母版视图】按钮,即可完成关闭母版视图的操作,如图 12-27 所示。

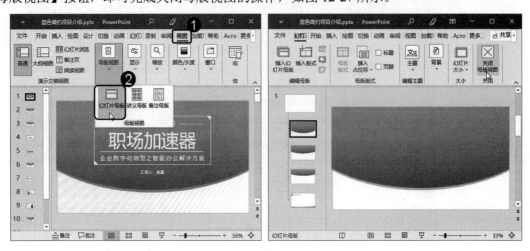

图 12-26   图 12-27

12.3.2 编辑母版内容

打开母版视图后,用户可以在其中自定义布局和内容,从而制作出符合需要的幻灯片演示文稿。下面详细介绍编辑母版内容的相关操作方法。

第 1 步 打开幻灯片母版视图,选中【幻灯片 幻灯片母版:由幻灯片 1-5 使用】幻灯片,按 Ctrl+A 组合键选中幻灯片中的所有元素,如图 12-28 所示。

第 2 步 **1.** 选择【开始】选项卡,**2.** 在【字体】选项组中设置字体为【黑体】,**3.** 单击【加粗】按钮,如图 12-29 所示。

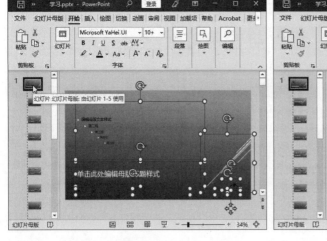 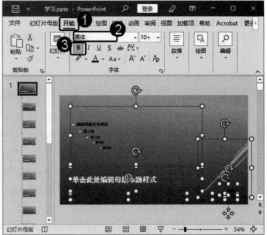

图 12-28   图 12-29

第3步　**1.** 选择【插入】选项卡，**2.** 在【插图】选项组中单击【形状】下拉按钮，
3. 在弹出的形状库中选择【矩形】选项，如图 12-30 所示。

第4步　待鼠标指针变为"十"字形状时，拖动鼠标绘制一个矩形，如图 12-31 所示。

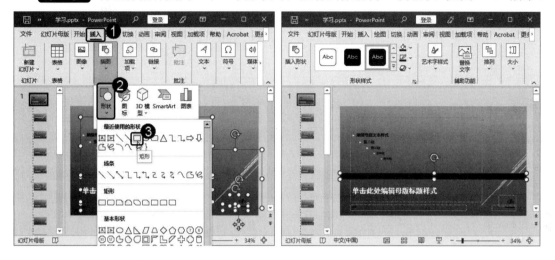

图 12-30　　　　　　　　　　　　　　　　图 12-31

第5步　选中矩形，**1.** 选择【形状格式】选项卡，**2.** 单击【形状样式】选项组中的
【其他】下拉按钮，如图 12-32 所示。

第6步　在弹出的样式库中选择一种样式，如图 12-33 所示。

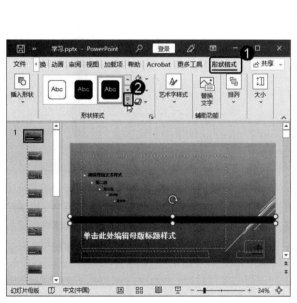

图 12-32

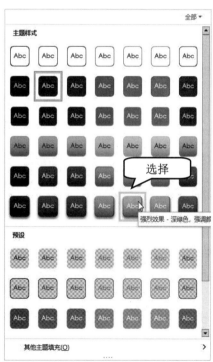

图 12-33

235

第7步 此时绘制的矩形就会应用选中的形状样式，如图 12-34 所示。

第8步 **1.** 选择【插入】选项卡，**2.** 在【图像】选项组中单击【图片】下拉按钮，**3.** 在弹出的下拉列表中选择【此设备】选项，如图 12-35 所示。

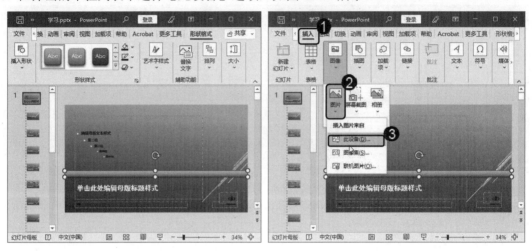

图 12-34   图 12-35

第9步 弹出【插入图片】对话框，**1.** 选择图片所在的位置，**2.** 选中图片，**3.** 单击【插入】按钮，如图 12-36 所示。

第10步 幻灯片中已经插入了图片，拖动鼠标调整图片的大小和位置，将图片置于幻灯片的右上角，如图 12-37 所示。

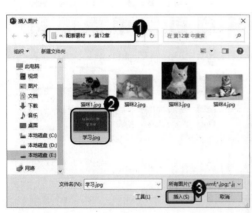

图 12-36   图 12-37

第11步 幻灯片母版设置完毕，此时演示文稿中的所有幻灯片都会应用幻灯片母版的版式，如图 12-38 所示。

第12步 选中【标题幻灯片 版式：由幻灯片 1，5 使用】幻灯片，**1.** 选择【插入】选项卡，*2.* 在【图像】选项组中单击【图片】下拉按钮，*3.* 在弹出的下拉列表中选择【此设备】选项，如图 12-39 所示。

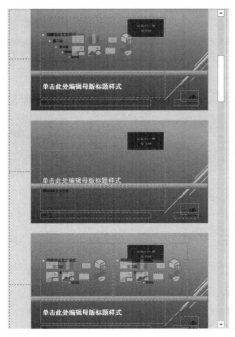

图 12-38　　　　　　　　　　　　　　　　　　图 12-39

第 13 步 弹出【插入图片】对话框，*1.* 选择图片所在的位置，*2.* 选中图片，*3.* 单击【插入】按钮，如图 12-40 所示。

第 14 步 此时幻灯片中已经插入了图片，拖动图片四周的控制点调整图片大小，使其覆盖整张幻灯片，如图 12-41 所示。

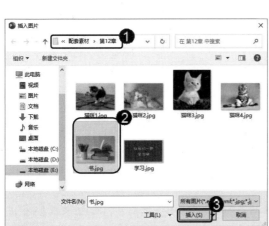

图 12-40　　　　　　　　　　　　　　　　　　图 12-41

第 15 步 *1.* 选择【插入】选项卡，*2.* 在【插图】选项组中单击【形状】下拉按钮，*3.* 在弹出的形状库中选择一种形状，如图 12-42 所示。

第16步 拖动鼠标在幻灯片中绘制一个图形，如图12-43所示。

图 12-42

图 12-43

第17步 选中图形，在【形状格式】选项卡的【形状样式】选项组中单击【其他】下拉按钮，在弹出的样式库中选择一种样式，如图12-44所示。

第18步 此时绘制的图形就会应用选中的形状样式，设置完毕，在【关闭】选项组中单击【关闭母版视图】按钮即可完成设置标题幻灯片的版式效果，如图12-45所示。

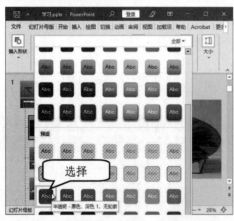

图 12-44

图 12-45

12.3.3 课堂范例——设置讲义母版

在打印幻灯片时，为了节约纸张，可以使用讲义母版将多张幻灯片排列在一张打印纸中。在讲义母版中还可以对幻灯片的主题、颜色等进行设置。本例详细介绍设置讲义母版的操作方法。

◄◄ 扫码看视频(本节视频课程时间：44秒)

素材保存路径：配套素材\第 12 章

素材文件名称：幻灯片母版.pptx

第 1 步　打开本例的素材文件"幻灯片母版.pptx"，在【视图】选项卡的【母版视图】选项组中单击【讲义母版】按钮，如图 12-46 所示。

第 2 步　打开【讲义母版】选项卡，*1.* 在【页面设置】选项组中单击【每页幻灯片数量】按钮，*2.* 在展开的下拉列表中选择【3 张幻灯片】选项，如图 12-47 所示。

图 12-46

图 12-47

第 3 步　此时在一个页面中排列了 3 张幻灯片，即可将这 3 张幻灯片打印在一张纸上，如图 12-48 所示。

第 4 步　*1.* 在【讲义母版】选项卡的【页面设置】选项组中单击【讲义方向】按钮，*2.* 在展开的下拉列表中选择【横向】选项，如图 12-49 所示。

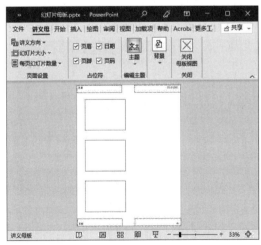

图 12-48

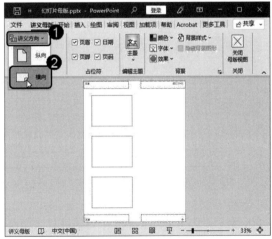

图 12-49

第 5 步　此时 3 张幻灯片的布局由纵向变为横向。如果要退出讲义母版视图，可在【关闭】选项组中单击【关闭母版视图】按钮，如图 12-50 所示。

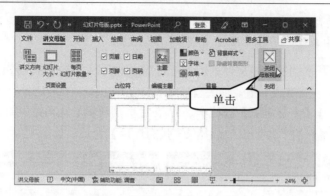

图 12-50

12.3.4 课堂范例——设置备注母版

在备注母版中有一个备注框，可以在其中添加文本框、艺术字、图片等内容，使其与幻灯片打印在同一张纸上。本例详细介绍设置备注母版的操作方法。

◀◀ 扫码看视频(本节视频课程时间：1 分 5 秒)

素材保存路径：配套素材\第 12 章
素材文件名称：职业生涯规划.pptx

第 1 步 打开本例的素材文件"职业生涯规划.pptx"，**1.** 选择【视图】选项卡，**2.** 单击【母版视图】选项组中的【备注母版】按钮，如图 12-51 所示。

第 2 步 此时打开【备注母版】选项卡，在备注母版视图中可以看见在一个页面上不仅显示了幻灯片，还在幻灯片下方出现了一个备注框，如图 12-52 所示。

图 12-51

图 12-52

第 3 步 为了使幻灯片和备注框大小相匹配，可以改变幻灯片的大小。**1.** 在【页面设置】选项组中单击【幻灯片大小】下拉按钮，**2.** 在弹出的下拉列表中选择【自定义幻灯片大小】选项，如图 12-53 所示。

第 4 步　弹出【幻灯片大小】对话框，**1.** 设置【宽度】为 50 厘米，【高度】为 30 厘米，**2.** 在【方向】选项组中选中【纵向】单选按钮，**3.** 单击【确定】按钮，如图 12-54 所示。

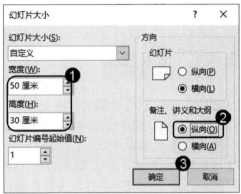

图 12-53　　　　　　　　　　　　　　　　　　图 12-54

第 5 步　在弹出的 Microsoft PowerPoint 提示对话框中单击【确保适合】按钮，如图 12-55 所示。

第 6 步　改变幻灯片大小后，可以看到在页面中幻灯片和备注框几乎各占一半，如图 12-56 所示。

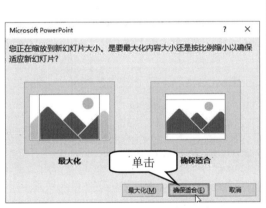

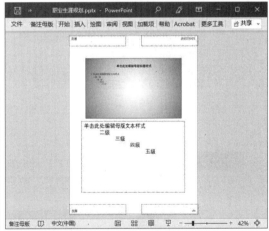

图 12-55　　　　　　　　　　　　　　　　　　图 12-56

智慧锦囊

　　设置了讲义母版和备注母版后，打印演示文稿时，就可以选择打印的版式为讲义或备注页。

12.4 插入视频与音频文件

为了丰富演示文稿的内容，让幻灯片更加生动，令演示文稿看起来更加美观，用户可以在 PowerPoint 中插入视频与音频文件，并且可以对插入的视频和音频进行适当的编辑。本节将介绍在演示文稿中插入视频文件与音频文件的相关操作方法。

12.4.1 插入视频

通常情况下，为了让视频文件符合演示需求，可以选择将计算机中已有的视频文件插入幻灯片中。下面详细介绍在演示文稿中插入视频的操作方法。

第 1 步 选择第一张幻灯片，**1.** 切换到【插入】选项卡，**2.** 单击【媒体】选项组中的【视频】下拉按钮，**3.** 在展开的下拉列表中选择【此设备】选项，如图 12-57 所示。

第 2 步 弹出【插入视频文件】对话框，**1.** 选择视频文件所在的位置，**2.** 选中准备插入的视频，**3.** 单击【插入】按钮，如图 12-58 所示。

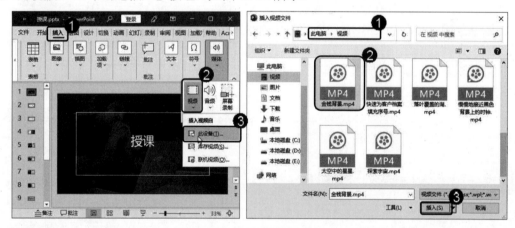

图 12-57 图 12-58

第 3 步 此时可以看见在幻灯片中插入了一个视频文件，默认显示最开始的画面，如图 12-59 所示。通过上述方法即可完成在演示文稿中插入视频文件的操作。

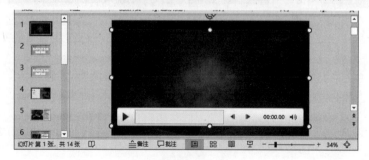

图 12-59

智慧锦囊

除了可以插入计算机中的视频外，还可以在【插入视频自】列表中选择【联机视频】选项，选择将视频文件插入幻灯片中。

12.4.2　插入音频

演示离不开声音，在 PowerPoint 中既可以插入计算机中保存的音频文件，也可以录制音频并插入幻灯片中。下面详细介绍插入音频文件的操作方法。

第1步 选择第一张幻灯片，**1.** 选择【插入】选项卡，**2.** 单击【媒体】选项组中的【音频】下拉按钮，**3.** 在展开的下拉列表中选择【PC 上的音频】选项，如图 12-60 所示。

第2步 弹出【插入音频】对话框，**1.** 选择音频文件所在的位置，**2.** 选中准备插入的音频文件，**3.** 单击【插入】按钮，如图 12-61 所示。

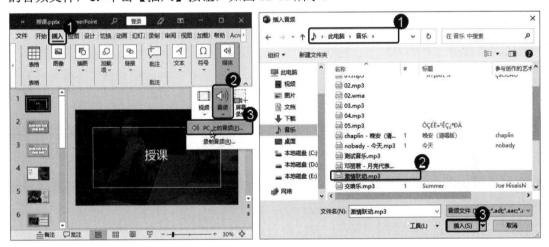

图 12-60　　　　　　　　　　　　图 12-61

第3步 此时在幻灯片中出现了一个音频图标，在音频图标下方显示了音频控制栏，如图 12-62 所示。通过上述方法即可完成在演示文稿中插入音频文件的操作。

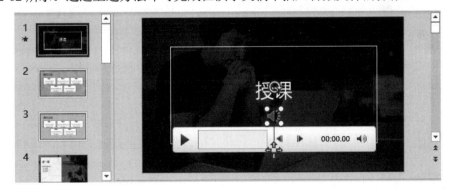

图 12-62

 智慧锦囊

在 PowerPoint 2021 中插入 MP3 格式的音频文件才可以播放。如果将演示文稿另存为 97-2003 兼容格式，MP3 音频文件会被自动转换成图片，无法播放。

12.4.3 课堂范例——美化插入的视频

 　　在 PowerPoint 2021 中插入视频文件后，用户还可以根据需要美化插入的视频，美化视频包括设置视频的大小、视频在幻灯片中的对齐方式及视频的样式等内容。本例详细介绍如何美化插入的视频。

◀◀ 扫码看视频(本节视频课程时间：1 分 14 秒)

> 素材保存路径：配套素材\第 12 章
> 素材文件名称：童话故事.pptx

第 1 步 打开本例的素材文件"童话故事.pptx"，选择视频，**1.** 选择【视频格式】选项卡，**2.** 在【大小】选项组中单击数值调节按钮，调整视频的【高度】为 13.5 厘米，【宽度】为 24 厘米，如图 12-63 所示。

第 2 步 **1.** 在【排列】选项组中单击【对齐】下拉按钮，**2.** 在展开的下拉列表中选择【水平居中】选项，如图 12-64 所示。

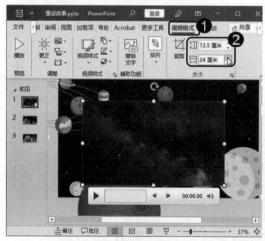

图 12-63

图 12-64

第 3 步 **1.** 再次单击【对齐】下拉按钮，**2.** 在展开的下拉列表中选择【垂直居中】选项，如图 12-65 所示。

第 4 步 设置好视频的大小和对齐方式后，效果如图 12-66 所示。

第 5 步 在【视频样式】选项组中单击下拉按钮，在展开的样式库中选择"画布，灰色"样式，如图 12-67 所示。

第 6 步 为视频套用了预设的样式后，视频更加美观了，如图 12-68 所示。

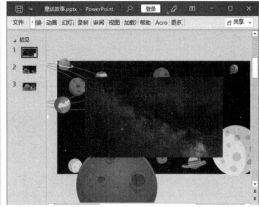

图 12-65　　　　　　　　　　　　　　　　图 12-66

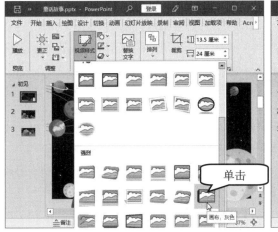

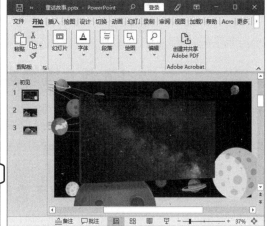

图 12-67　　　　　　　　　　　　　　　　图 12-68

第 7 步 选择视频后，*1.* 在【视频格式】选项卡中单击【海报框架】下拉按钮，*2.* 在弹出的下拉列表中选择【文件中的图像】选项，如图 12-69 所示。

第 8 步 弹出【插入图片】对话框，选择【来自文件】选项，如图 12-70 所示。

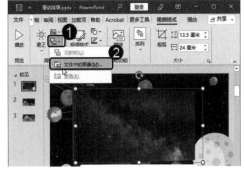

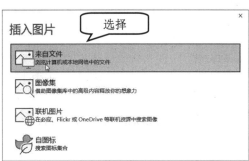

图 12-69　　　　　　　　　　　　　　　　图 12-70

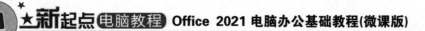

第9步 弹出【插入图片】对话框，**1.** 选择准备作为海报框架的图片，**2.** 单击【插入】按钮，如图 12-71 所示。

第10步 可以看到已经将选择的图片作为海报框架，最终效果如图 12-72 所示。通过以上步骤即可完成美化插入的视频。

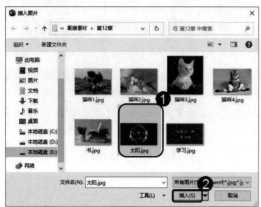

图 12-71

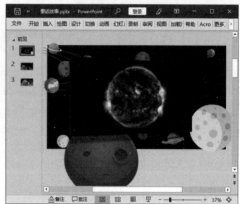

图 12-72

12.5　实践案例与上机指导

通过本章的学习，读者基本可以掌握美化和修饰演示文稿的基本知识以及一些常见的操作方法。下面通过练习操作，达到巩固学习、拓展提高的目的。

12.5.1　快速制作相册式演示文稿

PowerPoint 2021 为用户提供了各式各样的演示文稿模板供用户选择。本例详细介绍快速制作相册式演示文稿的方法。

◀◀ 扫码看视频(本节视频课程时间：31 秒)

第1步 启动 PowerPoint 2021，执行【文件】→【新建】命令后，**1.** 在新建界面的搜索框中输入"相册"，**2.** 单击【开始搜索】按钮，如图 12-73 所示。

第2步 进入搜索结果页面，显示出多个相册式的演示文稿，在搜索到的模板中选择一个，例如这里选择【旅行相册】，如图 12-74 所示。

第3步 弹出创建窗口，单击【创建】按钮，如图 12-75 所示。

第4步 效果如图 12-76 所示。通过上述方法即可完成快速制作相册式演示文稿的操作。

图 12-73　　　　　　　　　　　　　图 12-74

图 12-75　　　　　　　　　　　　　图 12-76

知识精讲

　　许多 PowerPoint 新手常常分不清主题与模板。主题是一组预定义的颜色、字体和视觉效果，用于让幻灯片拥有统一、专业的外观；而模板是将这些主题元素组合起来，且做好了页面排版布局设计，但没有实际内容，并保存在演示文稿模板文件中，方便反复调用。

12.5.2　在插入的音频中使用书签

　　为了快速地跳转到音频文件中的某个关键位置，可以在这些位置添加书签，单击书签就可快速定位音频。本例详细介绍在插入的音频中使用书签的操作方法。

◀◀ 扫码看视频(本节视频课程时间：44 秒)

素材保存路径：配套素材\第 12 章
素材文件名称：项目介绍.pptx

第1步 打开本例的素材文件"项目介绍.pptx",选择音频图标后,**1.** 选择【播放】选项卡,**2.** 单击音频控制栏中需要添加书签的位置,**3.** 单击【书签】选项组中的【添加书签】按钮,如图 12-77 所示。

第2步 此时可以看见在控制栏中添加了一个书签标志,如图 12-78 所示。

图 12-77

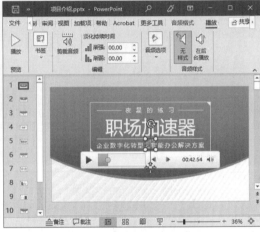

图 12-78

第3步 根据需要继续添加其他书签,单击书签即可实现音频的跳转,例如单击第三个书签,如图 12-79 所示。

第4步 如果书签位置不合适,可以删除书签。在【书签】选项组中单击【删除书签】按钮,如图 12-80 所示。

图 12-79

图 12-80

第5步 此时可以看到该书签已被删除,如图 12-81 所示。通过以上步骤即可完成在插入的音频中使用书签的操作。

图 12-81

智慧锦囊

在音频中添加书签不仅便于快速查找某段音频的特定时间点，还有助于提示用户可以在音频开头或结尾处剪裁掉多余的内容，所以添加书签的功能与剪裁音频的功能常结合使用。

12.6　思考与练习

一、填空题

1. 人们在外出旅游的时候会拍下许多相片留作纪念。为了将这些相片更好地保存在一起进行展示，可以通过 PowerPoint 的_____功能来实现。

2. 在编排演示文稿的工作中，有时需要将文字放置到幻灯片页面的特定位置上，此时可以通过向幻灯片中插入_____来实现这一排版要求。

3. _____是定义演示文稿中所有幻灯片或页面格式的幻灯片视图或页面。

4. 母版分为三种，即_____、讲义母版和_____。

5. 在打印幻灯片时，为了节约纸张，可以使用_____将多张幻灯片排列在一张打印纸中。

6. 在_____中有一个备注框，可以在其中添加文本框、艺术字、图片等内容，使其与幻灯片打印在同一张纸上。

二、判断题

1. 用户可以在演示文稿中插入图形和图片，从而增强幻灯片的艺术效果，充实幻灯片的内容，增添幻灯片的趣味性。　　　　　　　　　　　　　　　　　　　　（　　）

2. 文字的美化处理是广告中常用的一种文字表现形式，通过变形文字可以使文字或柔美，或可爱，或犀利。　　　　　　　　　　　　　　　　　　　　　　　（　　）

3. 不是每个演示文稿的每个关键组件都有一个母版，使用母版可以方便统一幻灯片的风格。　　　　　　　　　　　　　　　　　　　　　　　　　　　　　　（　　）

4. 在讲义母版中还可以对幻灯片的主题、颜色等进行设置。　　　　　　（　　）

三、思考题

1. 如何在 PowerPoint 2021 中绘制图形？
2. 如何在 PowerPoint 2021 中插入艺术字？
3. 如何在 PowerPoint 2021 中插入视频？

第 **13** 章

新起点
电脑教程

设计与制作幻灯片动画

本章要点

- 设置幻灯片的切换效果
- 自定义动画
- 应用超链接

本章主要内容

    本章主要介绍设置幻灯片的切换效果、自定义动画方面的知识与技巧，同时讲解如何应用超链接。在本章的最后还针对实际的工作需求，讲解创建路径动画、自定义路径动画、在已有动画上添加新的动画的方法。通过本章的学习，读者可以掌握设计与制作幻灯片动画方面的知识，为深入学习 Office 2021 知识奠定基础。

13.1 设置幻灯片的切换效果

幻灯片的切换效果是指在放映幻灯片时,两张连续的幻灯片之间的过渡效果。用户可以通过设置幻灯片的切换效果,使幻灯片活跃起来,美化幻灯片。本节将详细介绍设置幻灯片切换效果的知识。

13.1.1 添加幻灯片切换效果

在 PowerPoint 2021 中内置了多种幻灯片切换效果,用户可根据实际需求进行添加,以获得更加丰富、生动的演示文稿放映效果。下面详细介绍添加幻灯片切换效果的操作方法。

第 1 步 打开演示文稿,选择第一张幻灯片,*1.* 选择【切换】选项卡,*2.* 在【切换到此幻灯片】选项组中单击【切换效果】下拉按钮,*3.* 在弹出的切换效果库中选择准备添加的切换方案,如图 13-1 所示。

第 2 步 可以预览到刚刚设置的幻灯片切换效果,如图 13-2 所示。通过以上步骤即可完成添加幻灯片切换效果的操作。

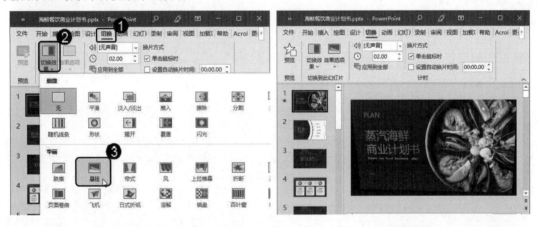

图 13-1　　　　　　　　　　　　　　　　图 13-2

13.1.2 设置幻灯片切换声音效果

在幻灯片切换的过程中,用户还可以通过添加声音效果使幻灯片的内容更加丰富,同时可以让切换的动画效果更加生动。下面介绍设置幻灯片切换声音效果的操作方法。

第 1 步 打开演示文稿,选择第一张幻灯片,*1.* 选择【切换】选项卡,*2.* 在【计时】选项组中单击【声音】下拉按钮,*3.* 在弹出的声音效果列表中选择准备添加的声音效果,如选择【风铃】效果,如图 13-3 所示。

第 2 步 设置完声音效果后,在【持续时间】数值微调框中设置声音的持续时间,如图 13-4 所示。这样即可完成设置幻灯片切换声音效果的操作。

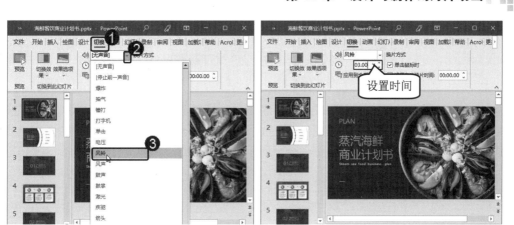

图 13-3　　　　　　　　　　　　　　图 13-4

13.1.3　删除幻灯片切换效果

在 PowerPoint 2021 中，如果对设置的幻灯片切换效果不满意，或该演示文稿并不需要设置幻灯片切换效果，可以将其删除。下面介绍删除幻灯片切换效果的操作方法。

第 1 步　选择准备删除切换效果的幻灯片，**1.** 选择【切换】选项卡，**2.** 在【切换到此幻灯片】选项组中单击【切换效果】下拉按钮，**3.** 在弹出的切换效果库中选择【无】选项，如图 13-5 所示。

第 2 步　在【计时】选项组中，**1.** 单击【声音】下拉按钮，**2.** 在弹出的声音效果列表中选择【无声音】选项，即可完成删除幻灯片切换效果的操作，如图 13-6 所示。

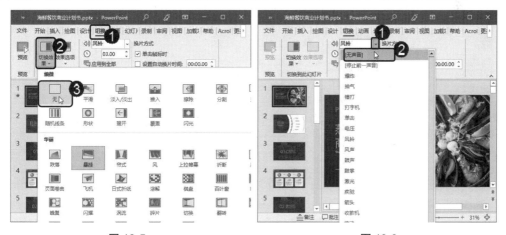

图 13-5　　　　　　　　　　　　　　图 13-6

知识精讲

如果演示文稿中包含多张幻灯片，当需要为这些幻灯片设置相同的切换效果时，只要为一张幻灯片设置切换效果，然后在【切换】选项卡的【计时】选项组中单击【应用到全部】按钮，就可以将当前幻灯片中的切换效果应用到所有幻灯片中。

13.2 自定义动画

PowerPoint 2021 的动画效果能让幻灯片中的对象动起来。用户可以为幻灯片中的对象添加预设的动画效果，也可以为对象设置自定义动画，制作出符合需求的动画效果。本节将介绍设置自定义动画的操作方法。

13.2.1 添加动画效果

在准备设置自定义动画之前，首先应将动画效果添加到幻灯片中。下面详细介绍添加动画效果的操作方法。

第1步 选中准备设置自定义动画的文本框，**1.** 在【动画】选项卡的【高级动画】选项组中单击【添加动画】下拉按钮，**2.** 在弹出的动画样式库中单击选择准备使用的动画样式，如图 13-7 所示。

第2步 此时文本框旁边出现一个数字"1"，表示动画已经添加到幻灯片中，如图 13-8 所示。通过以上步骤即可完成添加动画效果的操作。

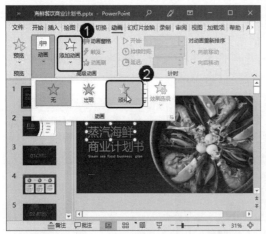

图 13-7

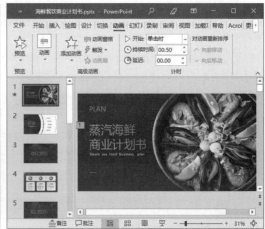

图 13-8

13.2.2 设置动画效果

为幻灯片中的对象添加动画效果后，可以根据需要设置不同的动画效果。下面详细介绍设置动画效果的操作方法。

第1步 **1.** 选中文本框，**2.** 在【动画】选项卡的【高级动画】选项组中单击【动画窗格】按钮，如图 13-9 所示。

第2步 弹出【动画窗格】窗口，**1.** 单击【标题 1】右侧的下拉按钮，**2.** 在弹出的下拉列表中选择【效果选项】选项，如图 13-10 所示。

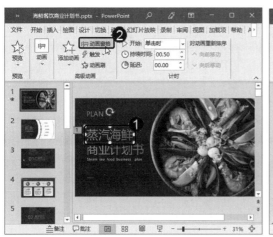

图 13-9　　　　　　　　　　　　　　　　　图 13-10

第 3 步　弹出【淡化】对话框，在【效果】选项卡中设置【声音】为【风铃】，如图 13-11 所示。

第 4 步　选择【计时】选项卡，*1.* 设置【期间】为【快速(1 秒)】，*2.* 单击【确定】按钮即可完成设置动画效果的操作，如图 13-12 所示。

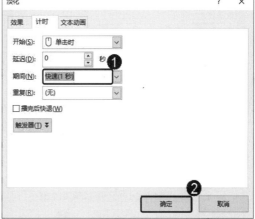

图 13-11　　　　　　　　　　　　　　　　　图 13-12

13.2.3　插入动作按钮

在 PowerPoint 2021 中播放演示文稿时，为了更加方便地控制幻灯片的播放，可以在演示文稿中插入动作按钮。通过单击动作按钮，可以实现在播放幻灯片时切换到其他幻灯片、返回目录幻灯片或直接退出演示文稿播放状态等操作。下面介绍在幻灯片中插入动作按钮的操作方法。

第 1 步　选择第一张幻灯片，*1.* 选择【插入】选项卡，*2.* 在【插图】选项组中单击【形状】下拉按钮，*3.* 在展开的形状库中选择动作，如图 13-13 所示。

第 2 步　此时鼠标指针呈"十"字形状，在幻灯片的合适位置处拖动鼠标绘制形状，至合适大小释放鼠标左键，如图 13-14 所示。

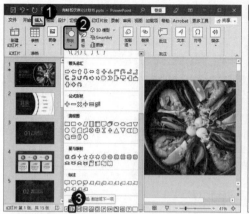

图 13-13

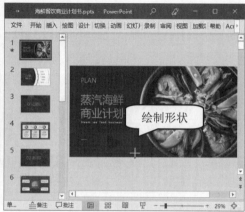

图 13-14

第3步 系统会自动弹出【操作设置】对话框，在【单击鼠标】选项卡中默认选中【超链接到】单选按钮，此时链接位置为【下一张幻灯片】，**1.** 选中【播放声音】复选框，**2.** 设置声音为【单击】，**3.** 单击【确定】按钮，如图 13-15 所示。

第4步 按 F5 键进入幻灯片放映状态，单击插入的动作按钮，如图 13-16 所示。此时可以听到单击鼠标的声音，同时画面切换至下一张幻灯片。按 Esc 键结束放映。

图 13-15

图 13-16

13.2.4 课堂范例——让数据图表动起来

为了让幻灯片中的图表演示更具特色，可以为图表设置按系列或按类别进入的动画，通常这样的动画演示效果会比让整个图表直接出现更具吸引力。本例详细介绍让 PowerPoint 2021 中的数据图表动起来的操作方法。

◀◀ 扫码看视频(本节视频课程时间：50 秒)

素材保存路径：配套素材\第 13 章
素材文件名称：PPT 图表.pptx

第 1 步 打开本例的素材文件"PPT 图表.pptx"，首先添加进入动画，**1.** 选中图表，**2.** 选择【动画】选项卡，**3.** 在【高级动画】选项组中单击【添加动画】按钮，如图 13-17 所示。

第 2 步 在弹出的动画样式库中选择准备使用的动画样式，这里选择【飞入】，如图 13-18 所示。

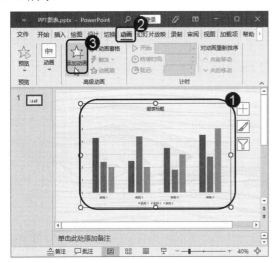

图 13-17

图 13-18

第 3 步 完成添加【飞入】动画后，**1.** 在【动画】选项组中单击【效果选项】下拉按钮，**2.** 在展开的下拉列表中选择【按系列】演示效果，如图 13-19 所示。

第 4 步 此时即可看到图表会按系列进行动画演示，效果如图 13-20 所示。

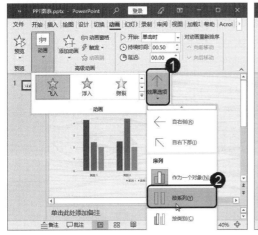

图 13-19

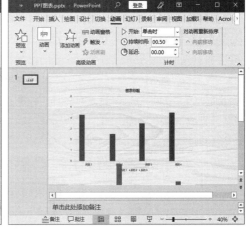

图 13-20

此外，完成添加【飞入】动画后，**1.** 在【动画】选项组中单击【效果选项】下拉按钮，**2.** 在展开的下拉列表中选择【按类别】演示效果，如图 13-21 所示。此时即可看到图表会按类别进行动画演示，效果如图 13-22 所示。

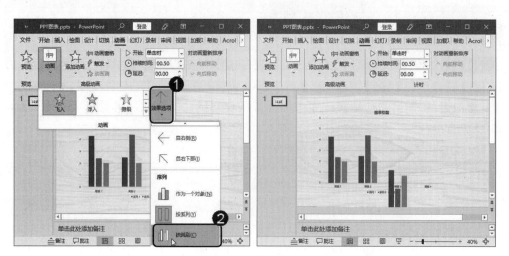

图 13-21 　　　　　　　　　　　　　　　　图 13-22

13.3　应用超链接

幻灯片之间的交互动画，主要是通过交互式动作按钮改变幻灯片原有的放映顺序来实现的，如让一张幻灯片链接到另一张幻灯片，将幻灯片链接到其他文件等。本节将详细介绍在幻灯片中使用超链接的方法。

13.3.1　链接到同一演示文稿的其他幻灯片

在 PowerPoint 2021 中，用户单击设置的超链接对象时，即可切换到设置好的指定幻灯片。下面详细介绍链接到同一演示文稿的其他幻灯片的操作方法。

第 1 步 **1.** 选中需要设置链接的对象，**2.** 在【插入】选项卡的【链接】选项组中单击【链接】按钮，如图 13-23 所示。

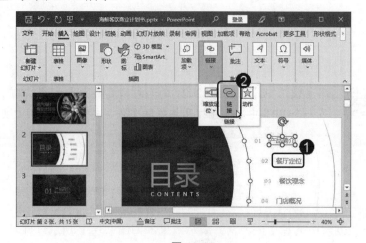

图 13-23

第 2 步　弹出【插入超链接】对话框，**1.** 选择【本文档中的位置】选项卡，**2.** 在【请选择文档中的位置】列表框中选择准备链接到的位置，例如选择【幻灯片 3】，**3.** 单击【确定】按钮，如图 13-24 所示。

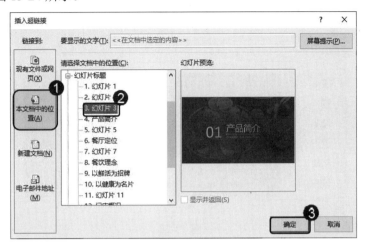

图 13-24

第 3 步　返回到幻灯片中，此时将鼠标指针移至设置了链接的对象上会有提示框出现，这样即可完成链接到同一演示文稿的其他幻灯片的操作，如图 13-25 所示。

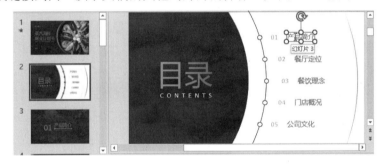

图 13-25

13.3.2　课堂范例——链接到其他演示文稿的幻灯片

使用 PowerPoint 2021 的幻灯片超链接，还可以让用户快速链接到另一个 PPT 中，或者打开相关联文件，这样可以让用户更快捷地理解演示内容。本例详细介绍链接到其他演示文稿的幻灯片的操作方法。

◀◀ 扫码看视频(本节视频课程时间：56 秒)

素材保存路径：配套素材\第 13 章
素材文件名称：*海鲜餐饮商业计划书.pptx、金红商业计划书.pptx*

第1步 打开本例的素材文件"海鲜餐饮商业计划书.pptx"，**1.** 选中需要设置链接的对象，**2.** 在【插入】选项卡的【链接】选项组中单击【链接】按钮，如图 13-26 所示。

图 13-26

第2步 弹出【插入超链接】对话框，**1.** 选择【现有文件或网页】选项卡，**2.** 在【查找范围】下拉列表框中选择本例素材文件所在的路径，**3.** 选择本例素材文件"金红商业计划书.pptx"，**4.** 单击【确定】按钮，如图 13-27 所示。

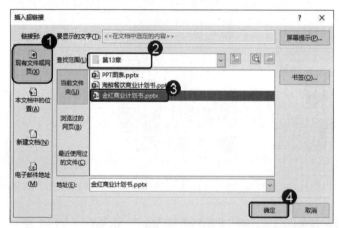

图 13-27

第3步 返回到幻灯片中，将鼠标指针移至设置了链接的对象上，此时会有提示框出现，如图 13-28 所示。

图 13-28

第 4 步　按 F5 键进入幻灯片放映状态，单击插入了链接的对象，如图 13-29 所示。

第 5 步　系统会自动打开"金红商业计划书.pptx"中的演示文稿，并从第一张幻灯片开始播放，如图 13-30 所示。按 Esc 键即可结束放映。这样即可完成链接到其他演示文稿的幻灯片的操作。

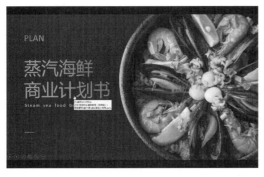

图 13-29

图 13-30

知识精讲

使用 PowerPoint 2021 设置完幻灯片超链接，当演示文稿发生变化时，链接中的幻灯片将自动更新。

13.4　实践案例与上机指导

通过本章的学习，读者基本可以掌握设计与制作幻灯片动画的基本知识以及一些常见的操作方法。下面通过练习操作，达到巩固学习、拓展提高的目的。

13.4.1　创建路径动画

动作路径用于自定义动画运动的路线及方向。设置动作路径时，可使用程序中预设的路径，也可以自定义设置路径。本例详细介绍使用动作路径创建路径动画的操作方法。

◀◀ 扫码看视频(本节视频课程时间：32 秒)

素材保存路径：配套素材\第 13 章

素材文件名称：金红商业计划书.pptx

第 1 步　打开本例的素材文件"金红商业计划书.pptx"，**1.** 选中准备使用动作路径的文本框，**2.** 在【动画】选项卡的【高级动画】选项组中单击【添加动画】下拉按钮，如图 13-31 所示。

第2步 在弹出的动画效果库中选择【其他动作路径】选项，如图 13-32 所示。

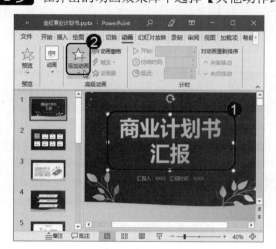

图 13-31　　　　　　　　　　　　　　　图 13-32

第3步 弹出【添加动作路径】对话框，*1.* 在【特殊】区域中选择【涟漪】动作路径，*2.* 单击【确定】按钮，如图 13-33 所示。

第4步 返回到幻灯片中，可以看到对象已经添加了路径动画，如图 13-34 所示。这样即可完成创建路径动画的操作。

图 13-33　　　　　　　　　　　　　　　图 13-34

13.4.2　自定义路径动画

在 PowerPoint 2021 中，如果预设的动画效果不能满足需要，还可以通过手动绘制对象的运动路径来自定义动画效果。本例详细介绍自定义路径动画的操作方法。

◀◀ 扫码看视频(本节视频课程时间：38 秒)

素材保存路径：配套素材\第 13 章

素材文件名称：企业文化宣传.pptx

第1步 打开本例的素材文件"企业文化宣传.pptx"，选中准备设置自定义动画的文本框，**1.** 在【动画】选项卡的【高级动画】选项组中单击【添加动画】下拉按钮，**2.** 在弹出的动画样式库中选择【自定义路径】选项，如图 13-35 所示。

第2步 拖动鼠标即可在幻灯片中绘制自己想要的动作路径，绘制完成后按 Enter 键，如图 13-36 所示。

图 13-35

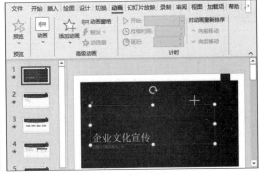

图 13-36

第3步 文本框旁边显示数字"1"，表示已经添加了动画，可以单击【预览】按钮进行动画预览，如图 13-37 所示。通过以上步骤即可完成自定义路径动画的操作。

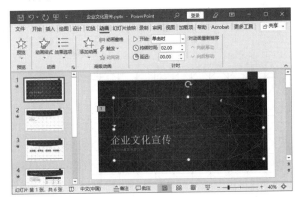

图 13-37

知识精讲

　　在 PowerPoint 中可以利用"计时"功能来制作闪烁文本。选择要设置的文本对象，在动画样式库中选择【更多强调效果】选项，在弹出的对话框中选择【闪烁】选项，再单击【确定】按钮。单击【动画窗格】按钮，在打开的窗格中单击该动画的下拉按钮，在展开的下拉列表中选择【计时】选项，在弹出的对话框中设置【重复】的次数，再单击【确定】按钮。

13.4.3 在已有动画上添加新的动画

为一个对象设置动画后，如果再将【动画】选项组中的动画效果添加到这个对象上，新的动画效果就会覆盖已有的动画；如果使用【高级动画】选项组中的设置来添加动画，就可以让一个对象同时拥有多个动画效果。本例详细介绍在已有动画上添加新的动画的操作方法。

◀◀ 扫码看视频(本节视频课程时间：39 秒)

素材保存路径：配套素材\第 13 章
素材文件名称：总结汇报.pptx

第 1 步 打开本例的素材文件"总结汇报.pptx"，选择第一张幻灯片中的图片，**1.** 在【动画】选项卡的【高级动画】选项组中单击【添加动画】按钮，**2.** 在展开的库中选择【退出】选项组中的【形状】效果，如图 13-38 所示。

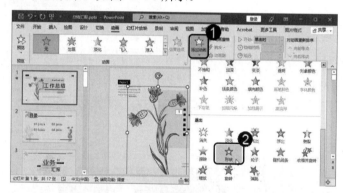

图 13-38

第 2 步 此时为图片设置了一个新的【退出】动画效果，动画的编号为"3"，与原有的编号为"2"的动画同时应用在了图片上，如图 13-39 所示。可以进入预览状态，查看图片的两种动画效果。

图 13-39

知识精讲

在【添加动画】库中，可以选择常用的【进入】、【强调】、【退出】、【动作路径】等效果，也可以选择【更多进入效果】、【更多强调效果】、【更多退出效果】、【其他动作路径】等选项来选择更多的动画效果。

13.5　思考与练习

一、填空题

1. 幻灯片的切换效果是指在放映幻灯片时，_____的幻灯片之间的过渡效果。用户可以通过设置幻灯片的切换效果，使幻灯片活跃起来，美化幻灯片。

2. 通过单击_____，可以实现在播放幻灯片时切换到其他幻灯片、返回目录幻灯片或是直接退出演示文稿播放状态等操作。

3. 为了让幻灯片中的图表演示更具特色，可以为图表设置_____或_____进入的动画，通常这样的动画演示效果会比让整个图表直接出现更具吸引力。

4. 为一个对象设置动画后，如果再将【动画】选项组中的动画效果添加到这个对象上，新的动画效果就会_____已有的动画；如果使用【高级动画】选项组中的设置来添加动画，就可以让一个对象同时拥有多个动画效果。

二、判断题

1. 在幻灯片切换的过程中，用户还可以通过添加声音效果使幻灯片的内容更加丰富，同时可以让切换的动画效果更加生动。　　　　　（　　）

2. 在 PowerPoint 2021 中播放演示文稿时，为了更加方便地控制幻灯片的播放，可以在演示文稿中插入按钮。　　　　　（　　）

3. 幻灯片之间的交互动画，主要是通过交互式动作按钮改变幻灯片原有的放映顺序来实现的，如让一张幻灯片链接到另一张幻灯片，将幻灯片链接到其他文件等。　（　　）

4. 动作路径用于自定义动画运动的路线及方向。设置动作路径时，可使用程序中预设的路径，也可以自定义设置路径。　　　　　（　　）

三、思考题

1. 如何为幻灯片添加切换声音效果？
2. 如何插入动作按钮？

新起点
电脑教程

第 14 章

放映与打包演示文稿

本章要点

- 放映演示文稿
- 放映幻灯片
- 打包演示文稿

本章主要内容

本章主要介绍放映演示文稿、放映幻灯片方面的知识与技巧，同时讲解如何打包演示文稿。在本章的最后还针对实际的工作需求，讲解设置黑屏或白屏、显示演示者视图的方法。通过本章的学习，读者可以掌握放映与打包演示文稿方面的知识，为深入学习 Office 2021 知识奠定基础。

14.1 放映演示文稿

使用 PowerPoint 2021 将演示文稿的内容编辑完成后，即可放映它供观众欣赏。为了能够达到良好的效果，在放映前还需要在电脑中对演示文稿进行一些设置，如对幻灯片的放映方式和时间进行设置等。本节将介绍放映演示文稿的相关知识。

14.1.1 设置放映方式

在放映幻灯片之前，应该先设置好幻灯片的放映方式。幻灯片的放映方式有 3 种，即演讲者放映、观众自行浏览和在展台浏览。下面详细介绍设置放映方式的操作方法。

第 1 步 打开演示文稿，在【幻灯片放映】选项卡的【设置】选项组中单击【设置幻灯片放映】按钮，如图 14-1 所示。

第 2 步 弹出【设置放映方式】对话框，*1.* 在【放映类型】区域选中【观众自行浏览(窗口)】单选按钮，*2.* 在【放映幻灯片】区域中选中【全部】单选按钮，*3.* 在【推进幻灯片】区域中选中【如果出现计时，则使用它】单选按钮，*4.* 单击【确定】按钮，即可完成设置放映方式为【观众自行浏览】，如图 14-2 所示。

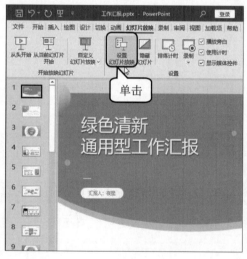

图 14-1

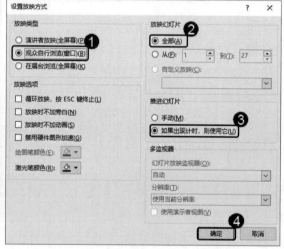

图 14-2

 智慧锦囊

如果电脑中安装了多个显示器的投影设备，用户可以在【设置放映方式】对话框中将【多监视器】选项组中的选项设置为有效状态，设置好后，就可以同时在多个显示器中放映幻灯片。

14.1.2　放映指定的幻灯片

在放映幻灯片前，用户可以根据需要设置放映幻灯片的数量，如放映全部幻灯片、放映连续几张幻灯片，或者自定义放映指定的任意几张幻灯片。下面介绍具体的操作方法。

第 1 步　在【设置放映方式】对话框的【放映幻灯片】区域中默认选中【全部】单选按钮，在放映演示文稿时即可放映全部幻灯片，如图 14-3 所示。

第 2 步　*1.* 在【放映幻灯片】区域中选中【从】单选按钮，*2.* 将幻灯片数量设置为"从 1 到 10"，*3.* 设置完毕单击【确定】按钮，如图 14-4 所示。放映演示文稿时就会放映指定的第 1 到第 10 张幻灯片。

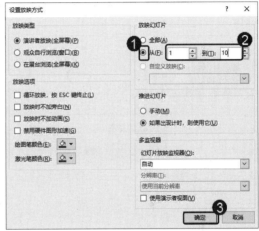

图 14-3　　　　　　　　　　　　　　　图 14-4

第 3 步　如果要设置自定义放映，*1.* 在【幻灯片放映】选项卡的【开始放映幻灯片】选项组中单击【自定义幻灯片放映】下拉按钮，*2.* 选择【自定义放映】选项，如图 14-5 所示。

第 4 步　弹出【自定义放映】对话框，单击【新建】按钮，如图 14-6 所示。

图 14-5　　　　　　　　　　　　　　　图 14-6

第 5 步 弹出【定义自定义放映】对话框，*1.* 在左侧列表框中选中第 2、4、6 张幻灯片的复选框，*2.* 单击【添加】按钮，*3.* 第 2、4、6 张幻灯片即可添加到右侧的列表框中，*4.* 单击【确定】按钮，如图 14-7 所示。

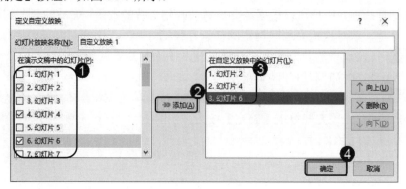

图 14-7

第 6 步 返回【自定义放映】对话框，在列表框中可以看到已经创建了"自定义放映 1"，单击【放映】按钮即可放映指定的第 2、4、6 张幻灯片，如图 14-8 所示。

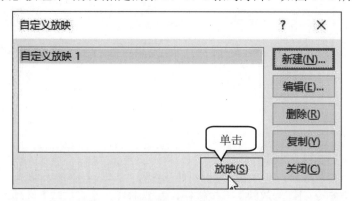

图 14-8

14.1.3 课堂范例——添加排练计时

用户还可以为演示文稿添加排练计时，排练计时可以统计播放一遍演示文稿需要的时间。本例详细介绍为演示文稿添加排练计时的操作方法。

◀◀ 扫码看视频(本节视频课程时间：35 秒)

素材保存路径：配套素材\第 14 章
素材文件名称：工作汇报.pptx

第1步 打开本例的素材文件"工作汇报.pptx"，在【幻灯片放映】选项卡的【设置】选项组中单击【排练计时】按钮，如图 14-9 所示。

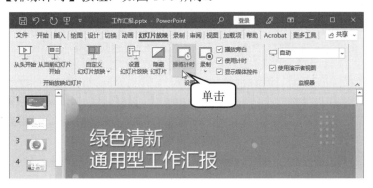

图 14-9

第2步 此时进入幻灯片放映模式，在窗口左上角弹出【录制】对话框来记录播放幻灯片需要的时间，如图 14-10 所示。

第3步 幻灯片播放完毕后，弹出 Microsoft PowerPoint 对话框，提示"幻灯片放映共需 0:00:32，是否保留新的幻灯片计时？"信息，单击【是】按钮，即可完成添加排练计时的操作，如图 14-11 所示。

图 14-10　　　　　　　　　　　　　　　　　　图 14-11

14.1.4　课堂范例——录制旁白

幻灯片一般都是没有配音的，只有动画及图文演示。如果要使用演示文稿创建更加生动的视频效果，那么为幻灯片录制旁白是一个不错的选择。本例详细介绍录制旁白的操作方法。

◄◄ 扫码看视频(本节视频课程时间：1 分 2 秒)

素材保存路径：配套素材\第 14 章
素材文件名称：工作汇报.pptx

第1步 打开本例的素材文件"工作汇报.pptx"，**1.** 在【幻灯片放映】选项卡的【设置】选项组中单击【录制】下拉按钮，**2.** 在弹出的下拉列表中选择【从当前幻灯片开始】选项，如图 14-12 所示。

图 14-12

第 2 步 进入录制界面，单击左上角的【录制】按钮，如图 14-13 所示。

图 14-13

第 3 步 此时在屏幕中间会出现倒计时，当倒计时结束后，用户即可对着麦克风录制旁白了，如图 14-14 所示。

图 14-14

第 4 步 该张幻灯片旁白录制结束后，单击【停止】按钮，然后单击鼠标左键进入下一张幻灯片继续录制，如图 14-15 所示。

第 5 步 当全部录制结束后，单击右上角的【关闭】按钮，如图 14-16 所示。

图 14-15

图 14-16

第 6 步 返回到普通视图状态后，录制了旁白的幻灯片中将会出现声音文件图标，选中该图标，将显示【播放】工具条，在其中单击【播放】按钮即可收听录制的旁白，如图 14-17 所示。这样即可完成录制旁白的操作。

图 14-17

14.2　放映幻灯片

将幻灯片的放映方式设置完成后，就可以放映幻灯片了。在实际放映时，用户可能还需要控制幻灯片的放映过程。本节将详细介绍放映幻灯片的相关知识。

14.2.1　启动与退出幻灯片放映

如果准备观看幻灯片，首先用户应掌握启动与退出幻灯片放映的方法。下面介绍启动与退出幻灯片放映的操作方法。

第1步　打开演示文稿，在【幻灯片放映】选项卡的【开始放映幻灯片】选项组中单击【从头开始】按钮，如图 14-18 所示。

第2步　幻灯片从头开始进行播放，这样即可完成启动幻灯片放映的操作，如图 14-19 所示。

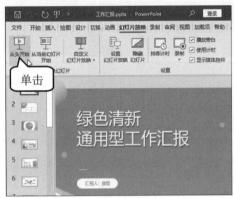

图 14-18

图 14-19

第3步　右键单击正在放映中的幻灯片页面，在弹出的快捷菜单中选择【结束放映】命令，如图 14-20 所示。

图 14-20

第4步　放映中的幻灯片已退出并返回到演示文稿，这样即可退出幻灯片的放映，如图 14-21 所示。

图 14-21

14.2.2 控制幻灯片放映

在播放演示文稿时，可以根据具体情境的不同对幻灯片的放映进行控制，如播放上一张或下一张幻灯片，直接定位准备播放的幻灯片，暂停或继续播放幻灯片等。下面详细介绍控制幻灯片放映的操作方法。

第 1 步 打开演示文稿，在【幻灯片放映】选项卡的【开始放映幻灯片】选项组中单击【从头开始】按钮，如图 14-22 所示。

第 2 步 幻灯片从头开始进行播放，右键单击幻灯片，在弹出的快捷菜单中选择【下一张】命令，如图 14-23 所示。

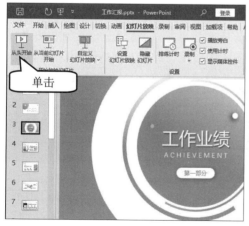

图 14-22

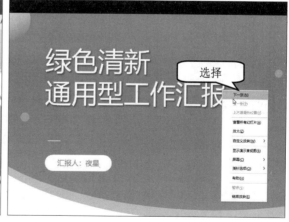

图 14-23

第 3 步 幻灯片跳转至下一张，如果之前已经设置了自定义放映，右键单击任意区域，*1.* 在弹出的快捷菜单中选择【在自定义放映】命令，*2.* 选择【自定义放映 1】命令，如图 14-24 所示。

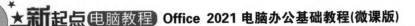

第4步 演示文稿直接播放选定的幻灯片,如图 14-25 所示。通过以上步骤即可完成控制幻灯片播放的操作。

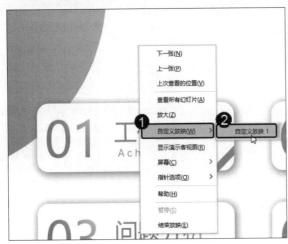

图 14-24

图 14-25

 智慧锦囊

为了在放映幻灯片时获得更加理想的演示效果,可以按 Ctrl+H 组合键隐藏鼠标指针,按 Ctrl+A 组合键则可重新显示鼠标指针。

14.2.3 课堂范例——添加墨迹注释

放映演示文稿时,如果需要对幻灯片进行讲解或标注,可以直接在幻灯片中添加墨迹注释,如圆圈、下划线、箭头或说明的文字等,用以强调要点或阐明关系。本例详细介绍添加墨迹注释的操作方法。

◀◀ 扫码看视频(本节视频课程时间:52 秒)

 素材保存路径:配套素材\第 14 章
素材文件名称:语文课件.pptx

第1步 打开本例的素材文件"语文课件.pptx",全屏放映演示文稿,1. 在幻灯片放映页面左下角单击【指针工具】图标,2. 在弹出的菜单中选择【荧光笔】命令,如图 14-26 所示。

第2步 在幻灯片页面使用荧光笔涂抹文本内容,可以看到幻灯片页面上已经被添加了墨迹注释,如图 14-27 所示。

第3步 添加完墨迹注释后,按 Esc 键退出放映模式,弹出 Microsoft PowerPoint 对话框,询问用户"是否保留墨迹注释?",如果准备保留墨迹注释,可以单击【保留】按钮,如图 14-28 所示。

第 4 步　返回到普通视图中，可以看到添加墨迹注释后标记的效果，如图 14-29 所示。

图 14-26

图 14-27

图 14-28

图 14-29

知识精讲

　　若要快速使用墨迹标记，可在放映幻灯片时按 Ctrl+P 组合键，鼠标指针将变成绘图笔，拖动鼠标即可在幻灯片中做标记；按 Ctrl+A 组合键，即可将鼠标指针从绘图笔状态恢复为默认状态。

14.3　打包演示文稿

　　在实际工作中，经常需要将制作的演示文稿放到他人的计算机中放映，如果准备使用的计算机中没有安装 PowerPoint 2021，则需要在制作演示文稿的计算机中将幻灯片打包，准备播放时，将压缩包解压后即可正常播放。本节将介绍打包演示文稿的相关操作方法。

14.3.1 输出为自动放映文件

PowerPoint 2021 提供了一种可以自动放映的演示文稿文件格式，扩展名为".ppsx"。将演示文稿保存为该格式的文件后，双击".ppsx"文件即可打开演示文稿并播放。下面详细介绍输出为自动放映文件的操作方法。

第1步 打开演示文稿，选择【文件】选项卡，如图 14-30 所示。

第2步 进入 Backstage 视图，*1.* 选择【另存为】选项，*2.* 单击【浏览】按钮，如图 14-31 所示。

图 14-30　　　　　　　　　　　图 14-31

第3步 弹出【另存为】对话框，*1.* 选择保存位置，*2.* 在【文件名】文本框中输入名称，*3.* 在【保存类型】下拉列表框中选择【PowerPoint 放映(*.ppsx)】选项，*4.* 单击【保存】按钮，即可完成将演示文稿输出为自动放映文件的操作，如图 14-32 所示。

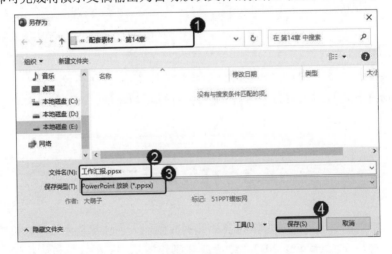

图 14-32

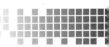

14.3.2　将演示文稿打包

将演示文稿打包，可以避免由于准备放映的计算机中没有安装 PowerPoint 2021 软件而造成的麻烦，下面介绍将演示文稿打包的操作方法。

第 1 步　打开演示文稿，选择【文件】选项卡，如图 14-33 所示。

第 2 步　进入 Backstage 视图，*1.* 选择【导出】选项，*2.* 选择【将演示文稿打包成 CD】选项，*3.* 单击【打包成 CD】按钮，如图 14-34 所示。

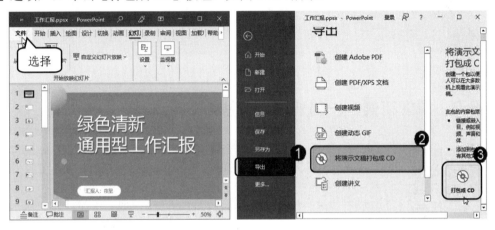

图 14-33　　　　　　　　　　　　　　　图 14-34

第 3 步　弹出【打包成 CD】对话框，*1.* 在列表框中选中文件，*2.* 单击【复制到文件夹】按钮，如图 14-35 所示。

第 4 步　弹出【复制到文件夹】对话框，*1.* 在【位置】文本框中输入文件夹所在位置的路径，*2.* 单击【确定】按钮，如图 14-36 所示。

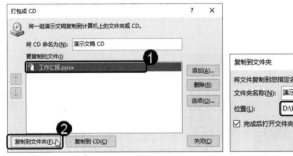

图 14-35　　　　　　　　　　　　　　　图 14-36

第 5 步　弹出提示窗口，单击【是】按钮，如图 14-37 所示。

图 14-37

第6步 复制完成后，自动打开演示文稿打包到的文件夹，可以看到打包好的 CD 文件，如图 14-38 所示。

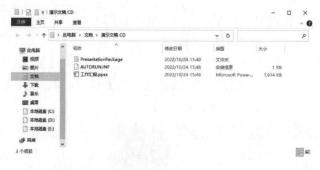

图 14-38

14.3.3 课堂范例——创建演示文稿视频

与文档、文章和其他普通媒体相比，人们被视频吸引的可能性要高很多。使用 PowerPoint 2021，用户可以将演示文稿创建为一个视频文件，使其按视频格式播放。本例介绍创建演示文稿视频的操作方法。

◀◀ 扫码看视频(本节视频课程时间：45 秒)

素材保存路径: 配套素材\第 14 章
素材文件名称: 中秋佳节.pptx

第1步 打开本例的素材文件"中秋佳节.pptx"，选择【文件】选项卡，如图 14-39 所示。

第2步 进入 Backstage 视图，**1.** 选择【导出】选项，**2.** 选择【创建视频】选项，**3.** 单击右侧的【创建视频】按钮，如图 14-40 所示。

图 14-39   图 14-40

第3步 弹出【另存为】对话框，**1.** 选择保存位置，**2.** 在【文件名】文本框中输入保存文稿视频的名称，**3.** 单击【保存】按钮，如图 14-41 所示。

第 4 步 返回到幻灯片中，可以在状态栏中看见创建视频的进度，用户需要在线等待一段时间，如图 14-42 所示。

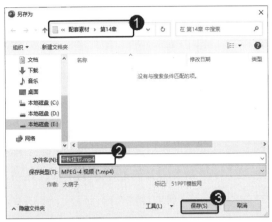

图 14-41　　　　　　　　　　　　　　　图 14-42

第 5 步 制作完成后，打开保存文稿视频的文件夹，即可查看到刚刚制作好的演示文稿视频，如图 14-43 所示。这样即可完成创建演示文稿视频的操作。

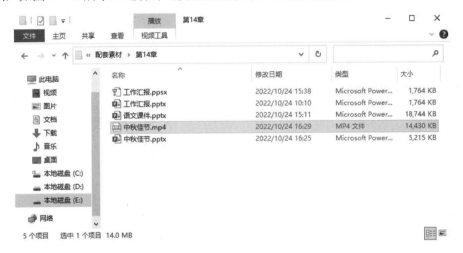

图 14-43

知识精讲

　　如果想要为输出的视频录制计时和旁白，则在图 14-40 中单击【不要使用录制的计时和旁白】按钮，在展开的列表中选择【录制计时和旁白】，然后在弹出的录制窗口中单击【录制】按钮，录制完计时和旁白后，再单击【创建视频】按钮即可。

14.4 实践案例与上机指导

通过本章的学习，读者基本可以掌握放映与打包演示文稿的基本知识以及一些常见的操作方法。下面通过练习操作，达到巩固学习、拓展提高的目的。

14.4.1 设置黑屏或白屏

为了方便在幻灯片的播放期间进行讲解，在播放演示文稿时，可以将幻灯片切换为黑屏或白屏，以转移观众的注意力，并便于讲解说明。本例详细介绍设置黑屏或白屏的操作方法。

◀◀ 扫码看视频(本节视频课程时间：36 秒)

素材保存路径: 配套素材\第 14 章
素材文件名称: 创业报告.pptx

第 1 步 打开本例的素材文件"创业报告.pptx"，按 F5 键进入幻灯片放映视图，右键单击任意位置，*1.* 在弹出的快捷菜单中选择【屏幕】命令，*2.* 选择【黑屏】命令，如图 14-44 所示。

第 2 步 可以看到整个屏幕以黑屏显示，效果如图 14-45 所示。通过以上步骤即可完成设置黑屏的操作。

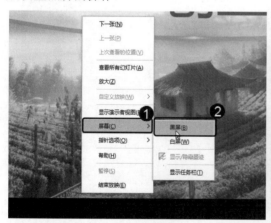

图 14-44

图 14-45

第 3 步 右键单击任意位置，*1.* 在弹出的快捷菜单中选择【屏幕】命令，*2.* 选择【白屏】命令，如图 14-46 所示。

第 4 步 可以看到整个屏幕以白屏显示，效果如图 14-47 所示。通过以上步骤即可完成设置白屏的操作。

图 14-46　　　　　　　　　　　　　　　　　图 14-47

14.4.2　显示演示者视图

　　当演示文稿需要演示时，可以选择演示者视图对演示文稿进行操作。通过演示者视图功能，演示者可以方便地查看一些备注信息，而观众看到的则是无备注的演示文稿，使用起来非常方便。本例详细介绍显示演示者视图的操作方法。

◀◀ 扫码看视频(本节视频课程时间：19 秒)

素材保存路径：配套素材\第 14 章
素材文件名称：毕业论文答辩.pptx

第1步　打开本例的素材文件"毕业论文答辩.pptx"，按 F5 键进入幻灯片放映模式，右键单击任意位置，在弹出的快捷菜单中选择【显示演示者视图】命令，如图 14-48 所示。

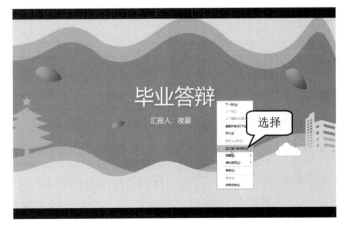

图 14-48

第2步 效果如图 14-49 所示。通过以上步骤即可显示演示者视图。

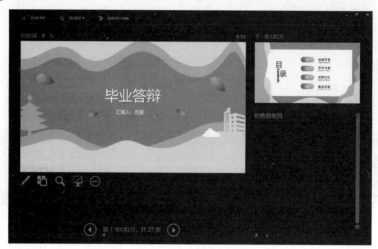

图 14-49

14.5 思考与练习

一、填空题

1. 在放映幻灯片之前，应该先设置好幻灯片的放映方式。幻灯片的放映方式有 3 种，即_____、_____和在展台浏览。

2. 为了方便在幻灯片的播放期间进行讲解，在播放演示文稿时，可以将幻灯片切换为黑屏或_____，以转移观众的注意力，并便于讲解说明。

二、判断题

1. 用户可以为演示文稿添加排练计时，排练计时可以统计播放一遍演示文稿需要的时间。 ( )

2. PowerPoint 2021 提供了一种可以自动放映的演示文稿文件格式，扩展名为 ".ppsx"。将演示文稿保存为该格式的文件后，单击 ".ppsx" 文件即可打开演示文稿并播放。 ( )

3. 当演示文稿需要演示时，用户可以选择演示者视图对演示文稿进行操作。通过演示者视图功能，演示者可以方便地查看一些备注信息，而观众看到的则是无备注的演示文稿。 ( )

三、思考题

1. 如何放映指定的幻灯片？
2. 如何输出为自动放映文件？

第 15 章

Office 2021 其他组件及高级应用

本章要点

- 使用 Outlook 收、发邮件
- 使用 OneNote 收集和处理工作信息
- Office 2021 组件间的协同办公

本章主要内容

本章主要介绍使用 Outlook 收、发邮件,使用 OneNote 收集和处理工作信息方面的知识与技巧,同时讲解 Office 2021 组件间的协同办公。在本章的最后还针对实际的工作需求,讲解将 OneNote 分区导入 Word 文档,使用 Word 和 Excel 实现表格的行、列转置的方法。通过本章的学习,读者可以掌握 Office 2021 其他组件及高级应用方面的知识,为深入学习 Office 2021 知识奠定基础。

15.1 使用 Outlook 收、发邮件

Outlook 是 Office 办公软件套装中的组件之一，它除了和普通的电子邮箱软件一样，能够收、发电子邮件之外，还可以管理联系人和日常事务，包括记日记、安排日程、分配任务等。在 Outlook 中，收、发电子邮件是最常见的一项任务，Outlook 的许多选项和配置都是以电子邮件为基础的。本节将详细介绍使用 Outlook 收、发邮件的相关操作。

15.1.1 配置 Outlook 邮件账户

使用 Outlook 发送和接收电子邮件之前，首先需要向其中添加电子邮件账户，这里的账户就是指个人申请的电子邮箱，申请好电子邮箱后还需要在 Outlook 中进行配置，这样才能正常使用。下面详细介绍配置 Outlook 邮件账户的操作方法。

第 1 步 启动 Outlook 程序会进入配置界面，**1.** 在【电子邮件地址】文本框中输入准备添加的邮件账户，**2.** 单击【连接】按钮，如图 15-1 所示。

第 2 步 此时在界面下方会显示添加的邮件账户，用户需要在线等待一段时间，如图 15-2 所示。

图 15-1

图 15-2

第 3 步 用户需要用浏览器登录自己的邮箱，进入【设置】界面，在 POP3/SMTP/IMAP 区域下方开启【IMAP/SMTP 服务】，如图 15-3 所示。

第 4 步 当 Outlook 系统进入【IMAP 账户设置】界面后，**1.** 在【密码】文本框中输入开启【IMAP/SMTP 服务】的授权密码，**2.** 单击【连接】按钮，如图 15-4 所示。

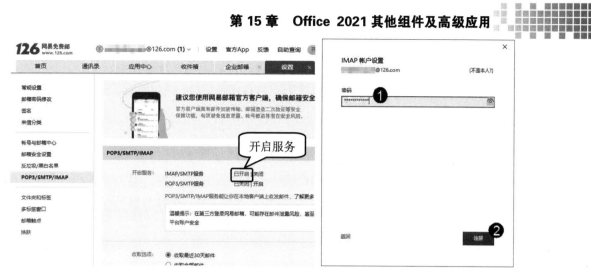

图 15-3　　　　　　　　　　　　　　　　　图 15-4

第 5 步 进入添加邮箱界面，用户需要在线等待一段时间，如图 15-5 所示。

第 6 步 进入【已成功添加账户】界面，单击【已完成】按钮，如图 15-6 所示。

图 15-5

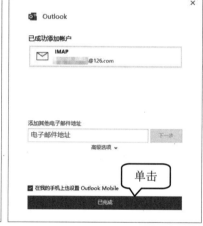

图 15-6

第 7 步 此时即可进入 Outlook 主界面，并在左侧显示邮箱账户，这样即可完成配置 Outlook 邮件账户的操作，如图 15-7 所示。

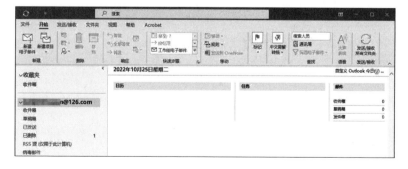

图 15-7

15.1.2　创建、编辑和发送邮件

处理电子邮件是 Outlook 中最主要的功能，使用这一功能，可以很方便地发送电子邮件。下面详细介绍创建、编辑和发送邮件的操作方法。

第1步　启动 Outlook 程序配置完账户后，**1.** 选择【开始】选项卡，**2.** 单击【新建】选项组中的【新建电子邮件】按钮，如图 15-8 所示。

第2步　弹出新建邮件窗口，**1.** 在【收件人】文本框中输入收件人的电子邮箱地址，**2.** 在【主题】文本框中根据需要输入邮件的主题，**3.** 在邮件正文区域中输入邮件的内容，如图 15-9 所示。

图 15-8　　　　　　　　　　　　　　图 15-9

第3步　通过【邮件】选项卡中的相关工具按钮，对邮件文本内容进行调整，调整完毕后单击【发送】按钮，如图 15-10 所示。

第4步　【邮件】选项卡会自动关闭并返回主界面中，在导航窗格的【已发送】选项卡中多了一封已发送的邮件信息，如图 15-11 所示。这样即可完成创建、编辑和发送邮件的操作。

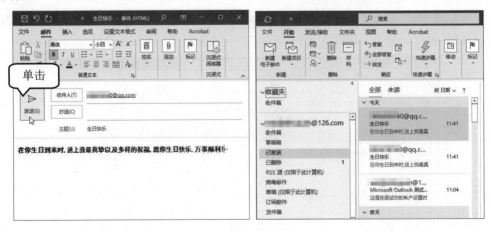

图 15-10　　　　　　　　　　　　　　图 15-11

15.1.3　接收和回复邮件

接收和回复邮件是邮件操作中必不可少的一项内容。下面详细介绍在 Outlook 中接收和回复邮件的操作方法。

第 1 步 当 Outlook 接收到邮件时，会在桌面右下角处弹出一个消息弹窗。当要查看该邮件时，可单击消息弹窗，如图 15-12 所示。

第 2 步 即可打开 Outlook 并进入【收件箱】页面，双击准备查看的邮件，即可查看接收到的邮件内容，如图 15-13 所示。

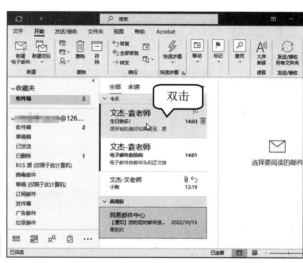

图 15-12　　　　　　　　　　　　　　　　图 15-13

第 3 步 查看完邮件内容后，单击【响应】选项组中的【答复】按钮进行回复，也可以按 Ctrl+R 组合键进行回复，如图 15-14 所示。

第 4 步 系统会弹出回复窗口，在【主题】下方的邮件正文区中输入需要回复的内容，Outlook 默认保留原邮件的内容，也可以根据需要对其进行删除。内容输入完成后，单击【发送】按钮，即可完成邮件的回复，如图 15-15 所示。

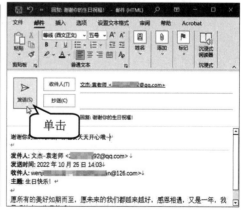

图 15-14　　　　　　　　　　　　　　　　图 15-15

15.1.4 课堂范例——转发邮件

转发邮件即保持邮件原文不变或者稍加修改后发送给其他联系人，用户可以利用 Outlook 将所收到的邮件转发给一个人或者多个人。本例详细介绍转发邮件的操作方法。

◀◀ 扫码看视频(本节视频课程时间：34 秒)

第 1 步 启动 Outlook，**1.** 选择需要转发的邮件并右击，**2.** 在弹出的快捷菜单中选择【转发】命令，如图 15-16 所示。

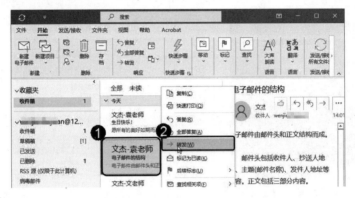

图 15-16

第 2 步 在右侧区域中弹出邮件转发界面，**1.** 在【主题】下方的邮件正文区中输入需要补充的内容，Outlook 默认保留原邮件内容，可以根据需要将其删除，**2.** 在【收件人】文本框中输入收件人的电子邮件地址，**3.** 单击【发送】按钮，即可完成邮件的转发，如图 15-17 所示。

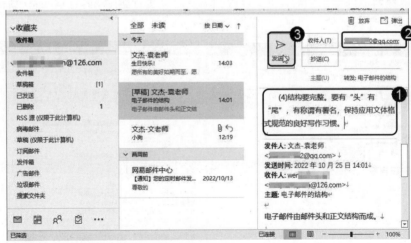

图 15-17

15.2　使用 OneNote 收集和处理工作信息

生活中，我们常常使用笔记本将工作要点、计划安排或对某个事件的心得体会记录下来。在 Office 2021 组件中，有一个组件叫作 OneNote 笔记本。用户使用它能够抛弃常见的纸质笔记本，而使用电脑来轻松地记录和组织笔记。

15.2.1　高效地记录工作笔记

在 OneNote 中，每个笔记本表示一个文件夹，用户可以根据需要创建一个或多个笔记本，使用 OneNote 记笔记极为方便。下面详细介绍使用 OneNote 记录工作笔记的操作方法。

第1步 启动 OneNote，*1.* 单击左上角的【我的笔记本】按钮，*2.* 在弹出的下拉列表中选择【添加笔记本】选项，如图 15-18 所示。

第2步 进入【新笔记本】界面，*1.* 选择【这台电脑】选项，*2.* 输入笔记本名称，*3.* 单击【创建笔记本】按钮，如图 15-19 所示。

图 15-18　　　　　　　　　　　　　　　　　图 15-19

第3步 此时即可创建一个名为"电脑办公自动化"的笔记本。默认情况下，新建笔记本后，包含一个【新分区 1】的分区，分区相当于活页夹中的标签分割片，用户可以创建不同的分区，以方便管理，如图 15-20 所示。

第4步 *1.* 在【新分区 1】上右击，*2.* 选择【重命名】选项，如图 15-21 所示。

图 15-20　　　　　　　　　　　　　　　　　图 15-21

第5步 为该分区重命名为"概念",还可以根据需要创建其他分区以及重命名,如图 15-22 所示。

第6步 在每个分区中,单击右侧的【添加页】按钮,如图 15-23 所示。

图 15-22   图 15-23

第7步 可以添加页,并且能够为每个页设置名称,如图 15-24 所示。

第8步 选择其中一页,可以根据需要输入文字,如图 15-25 所示。

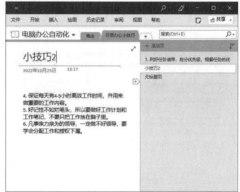

图 15-24   图 15-25

第9步 选择【插入】选项卡,可以在笔记本中添加表格、文件、图片以及多媒体文件等,如图 15-26 所示。

第10步 在【视图】选项卡中可以设置页面的视图,如图 15-27 所示。

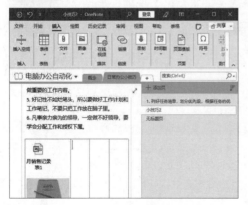

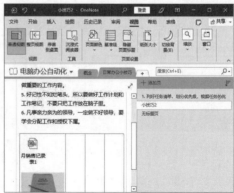

图 15-26   图 15-27

15.2.2　与同事协同工作

OneNote 支持共享功能，用户不仅可以在多个平台之间进行共享，还可以通过多种方式在不同用户之间进行共享，使信息被最大化应用。在实际工作中，OneNote 可以方便同事之间的协同办公，从而最终完美地完成工作。

第 1 步　单击主界面中的【文件】选项卡后，接着选择【共享】选项，如图 15-28 所示。

第 2 步　弹出【共享】界面，登录 OneNote 账号后，单击该账号选项，如图 15-29 所示。

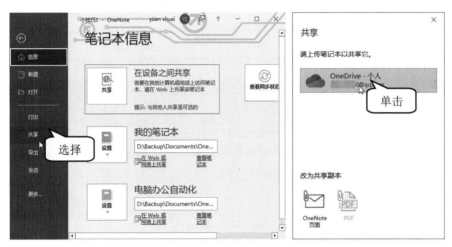

图 15-28　　　　　　　　　　　　图 15-29

第 3 步　系统会提示"稍等片刻方可共享。正在上传笔记本"，用户需要在线等待一段时间，如图 15-30 所示。

第 4 步　弹出 Microsoft OneNote 对话框，显示同步进度，如图 15-31 所示。

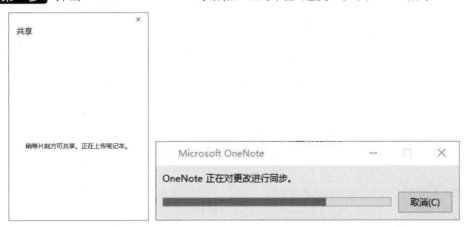

图 15-30　　　　　　　　　　　　图 15-31

第 5 步　在弹出的 Microsoft OneNote 对话框中单击【确定】按钮，如图 15-32 所示。

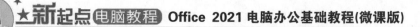

第6步 同步完成后，进入【发送链接】界面，**1.** 输入对方的电子邮箱地址或者联系人姓名，**2.** 单击【发送】按钮，如图 15-33 所示。

图 15-32　　　　　　　　　　　　　图 15-33

第7步 弹出一个提示框，并显示"链接已发送"，共享成功后，对方将收到电子邮件，直接进行编辑即可，如图 15-34 所示。

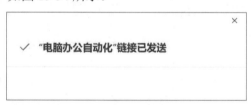

图 15-34

 **知识精讲**

在笔记本中打开过多分区会占用很多系统资源。为了节省系统资源，可以将不需要的分区删除。具体方法如下：启动 OneNote，打开需要操作的笔记本。右击需要删除的分区，在弹出的快捷菜单中选择【删除】命令，Outlook 弹出提示对话框，提示用户是否确认删除分区的操作，单击对话框中的【是】按钮即可删除选择的分区。

15.2.3　课堂范例——为 OneNote 分区添加密码保护

用户可以为 OneNote 加密，这样就可以更好地保护个人隐私。使用密码保护笔记本分区时，将锁定其所有页面，直到输入正确的密码。本例详细介绍为 OneNote 分区添加密码保护的操作方法。

◀◀ 扫码看视频(本节视频课程时间：46 秒)

第 1 步 启动 OneNote，*1.* 右击要加密的分区，*2.* 在弹出的快捷菜单中选择【使用密码保护此分区】命令，如图 15-35 所示。

第 2 步 弹出【密码保护】窗格，单击【设置密码】按钮，如图 15-36 所示。

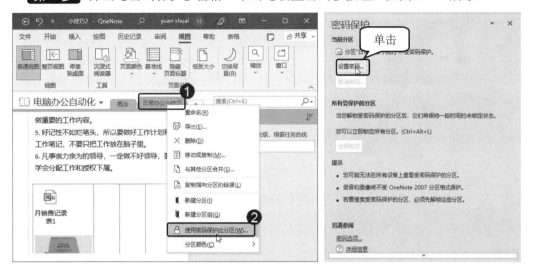

图 15-35　　　　　　　　　　　　　　　　　　图 15-36

第 3 步 在弹出的【密码保护】对话框中，*1.* 输入密码和确认密码，*2.* 单击【确定】按钮，如图 15-37 所示。

第 4 步 返回到【密码保护】窗格，在【所有受保护的分区】区域下方单击【全部锁定】按钮，如图 15-38 所示。

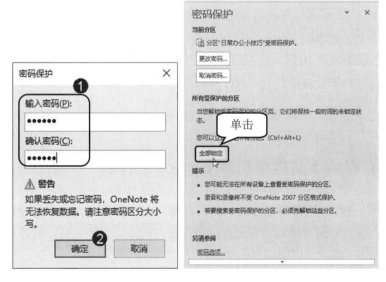

图 15-37　　　　　　　　　　　图 15-38

第 5 步 此时可以看到 OneNote 界面会提示"此分区受密码保护"信息，如图 15-39 所示。

第 6 步 单击保护区域或按 Enter 键，弹出【保护的分区】对话框，输入正确的密码，

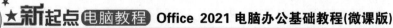

单击【确定】按钮，即可重新编辑该分区，如图 15-40 所示。

图 15-39

图 15-40

智慧锦囊

在 OneNote 中，并不需要保存操作，它会自动保存，可使用【文件】→【导出】命令为当前笔记本文件创建一个副本。

15.3 Office 2021 组件间的协同办公

Office 2021 是一款多用途的办公程序套装软件，各个组件的功能涵盖了现代办公领域的方方面面。通过前面的学习，读者应该已经发现，这些组件的功能强大，可以独当一面、单独工作。但我们不能忽略的是它们也可以互相协作，共同完成单个组件无法完成的任务。本节将重点介绍 Office 2021 各个组件之间协同办公的操作方法和技巧，使读者从中领略 Office 2021 功能的强大。

15.3.1 在 Word 文档中创建 Excel 工作表

当制作的 Word 文档涉及与报表相关的内容时，我们可以直接在 Word 文档中创建 Excel 工作表，这样不仅可以使文档的内容更加清晰，表达的意思更加完整，而且可以节约时间。下面详细介绍在 Word 文档中创建 Excel 工作表的操作方法。

第1步 打开一个 Word 文档，将光标定位到需要插入表格的位置，*1.* 单击【插入】选项卡【表格】选项组中的【表格】按钮，*2.* 在弹出的下拉列表中选择【Excel 电子表格】选项，如图 15-41 所示。

第2步 此时可看到插入的 Excel 电子表格，双击插入的电子表格即可进入工作表的编辑状态，如图 15-42 所示。

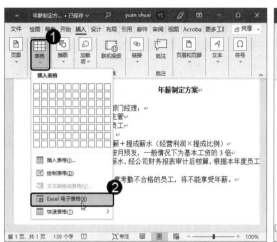

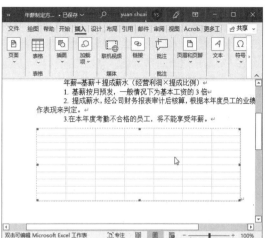

图 15-41　　　　　　　　　　　　　　　　　　　　　图 15-42

第3步　在 Excel 电子表格中输入相关数据，并根据需要设置文字以及单元格样式，如图 15-43 所示。

第4步　选择 A2:F9 单元格区域，**1.** 单击【插入】选项卡【图表】选项组中的【插入柱形图或条形图】按钮，**2.** 在弹出的下拉列表中选择【簇状柱形图】选项，如图 15-44 所示。

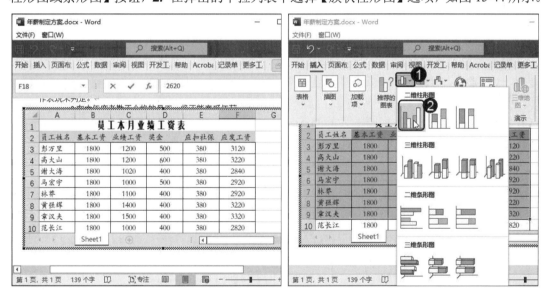

图 15-43　　　　　　　　　　　　　　　　　　　　　图 15-44

第5步　此时在图表中即可看到插入了一个柱形图，将鼠标指针放置在图表上，当鼠标指针变为形状时，按住鼠标左键拖曳图表到合适位置，并根据需要调整表格的大小，如图 15-45 所示。

第6步　在图表的【图表标题】文本框中输入"员工业绩工资表"，并设置文本的字体、字号等，单击 Word 文档的空白位置，结束表格的编辑状态，根据情况调整表格的位置以及大小，这样即可完成在 Word 文档中创建 Excel 工作表的操作，如图 15-46 所示。

图 15-45

图 15-46

15.3.2 在 Excel 工作簿中调用 PowerPoint 演示文稿

在 Excel 工作簿中用户可以调用 PowerPoint 演示文稿，节省软件之间来回切换的时间，使用户在使用工作簿时更加方便。下面详细介绍在 Excel 工作簿中调用 PowerPoint 演示文稿的操作方法。

第1步 新建一个 Excel 工作簿，单击【插入】选项卡【文本】选项组中的【对象】按钮，如图 15-47 所示。

第2步 弹出【对象】对话框，选择【由文件创建】选项卡，单击【浏览】按钮。在打开的【浏览】对话框中选择要插入的 PowerPoint 演示文稿，这里选择"商务工作汇报.pptx"，然后单击【插入】按钮，返回【对象】对话框，单击【确定】按钮，如图 15-48 所示。

图 15-47

图 15-48

第3步 此时就可以看到在工作簿中插入了所选的演示文稿。插入演示文稿后，用户还可以调整演示文稿的位置和大小，如图 15-49 所示。

第4步 双击插入的演示文稿，即可播放插入的演示文稿内容，如图 15-50 所示。

图 15-49

图 15-50

15.3.3　课堂范例——将文本文件的数据导入 Excel 中

在 Excel 中用户还可以导入 Access 文件数据、网站数据、文本数据、SQL Server 数据库数据以及 XML 数据等外部数据。本例详细介绍将文本文件数据导入 Excel 中的操作方法。

◀◀ 扫码看视频(本节视频课程时间：45 秒)

素材保存路径：配套素材\第 15 章

素材文件名称：员工信息.txt

第1步 新建一个 Excel 工作簿，单击【数据】选项卡【获取和转换数据】选项组中的【从文本/CSV】按钮，如图 15-51 所示。

第2步 弹出【导入数据】对话框，**1.** 选择本例的素材文件"员工信息.txt"，**2.** 单击【导入】按钮，如图 15-52 所示。

图 15-51

图 15-52

第3步 弹出一个对话框，**1.** 根据文本情况选择分隔符号，这里选择【逗号】选项，**2.** 单击【加载】按钮，如图 15-53 所示。

第4步 返回到 Excel 工作簿，可以看到系统会自动打开【查询&连接】窗格，并显示已加载信息，在工作表中插入了刚刚选择的文本内容，这样即可完成将文本文件中的数据导入 Excel 工作簿中，如图 15-54 所示。

图 15-53

图 15-54

智慧锦囊

单击【导入数据】对话框右下角的下拉按钮，在弹出的下拉列表中选择【所有文件（*.*）】选项，可列出该文件夹中的所有文件。

15.3.4 课堂范例——将 PowerPoint 演示文稿转换为 Word 文档

在 Office 2021 中，用户可以将 PowerPoint 演示文稿转换为 Word 文档，以方便阅读、打印和检查。本例详细介绍将 PowerPoint 演示文稿转换为 Word 文档的操作方法。

◀◀ 扫码看视频(本节视频课程时间：34 秒)

素材保存路径: 配套素材\第 15 章
素材文件名称: 自动驾驶行业巅峰论坛.pptx

第1步 打开本例的素材文件"自动驾驶行业巅峰论坛.pptx"，选择【文件】选项卡后，进入 Backstage 视图，**1.** 选择【导出】选项，**2.** 在右侧的【导出】界面中单击【创建讲义】按钮，**3.** 单击【创建讲义】按钮，如图 15-55 所示。

图 15-55

第 2 步　弹出【发送到 Microsoft Word】对话框，**1.** 选中【备注在幻灯片旁】单选按钮，**2.** 单击【确定】按钮，如图 15-56 所示。

第 3 步　即可生成一个名为"文档 1"的 Word 文档，这样即可完成将 PowerPoint 演示文稿转换为 Word 文档的操作，如图 15-57 所示。

图 15-56

图 15-57

15.4　实践案例与上机指导

通过本章的学习，读者基本可以掌握 Office 2021 其他组件及高级应用的基本知识以及一些常见的操作方法。下面通过练习操作，达到巩固学习、拓展提高的目的。

15.4.1　将 OneNote 分区导入 Word 文档

　　　　在日常工作中，如果想要与其他人共享一些 OneNote 笔记，可以将 OneNote 分区导入 Word 文档。本例详细介绍将 OneNote 分区导入 Word 文档的操作方法。

◄◄ 扫码看视频(本节视频课程时间：35 秒)

第1步 打开一个 OneNote 笔记，选择【文件】选项卡，进入 Backstage 视图，*1.* 选择【导出】选项，*2.* 选择【分区】选项，*3.* 在【选择格式】列表框中选择【Word 文档】选项，*4.* 单击【导出】按钮，如图 15-58 所示。

第2步 弹出【另存为】对话框，*1.* 选择文档的保存位置，*2.* 单击【保存】按钮，如图 15-59 所示。

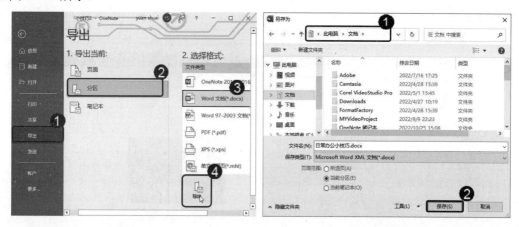

图 15-58　　　　　　　　　　　　　　　　　　图 15-59

第3步 打开文档保存的文件夹，可以看到导出的文档，如图 15-60 所示。通过以上步骤即可完成将 OneNote 分区导入 Word 文档的操作。

图 15-60

15.4.2　使用 Word 和 Excel 进行表格的行、列转置

很多用户喜欢在 Word 中制作表格，但是经常会遇到一个问题，那就是将表格的行与列转置，比如将 3 行 4 列的表格转置成 4 行 3 列的样式。本例详细介绍使用 Word 和 Excel 进行表格的行、列转置的方法。

◀◀ 扫码看视频(本节视频课程时间：52 秒)

素材保存路径：配套素材\第 15 章

素材文件名称：行列转置.docx

【第1步】 打开本例的素材文件"行列转置.docx"，选择整个表格并右击，在弹出的快捷菜单中选择【复制】命令，如图 15-61 所示。

【第2步】 打开一个空白的 Excel 工作表，在【开始】选项卡的【剪贴板】选项组中选择【粘贴】→【选择性粘贴】选项，如图 15-62 所示。

图 15-61

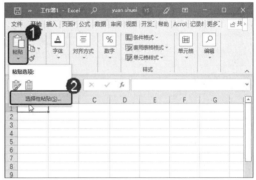

图 15-62

【第3步】 弹出【选择性粘贴】对话框，*1.* 选择【文本】选项，*2.* 单击【确定】按钮，如图 15-63 所示。

【第4步】 返回到工作表中，即可将数据粘贴到表格中，然后选择粘贴的数据，按 Ctrl+C 组合键复制粘贴后的表格，如图 15-64 所示。

图 15-63

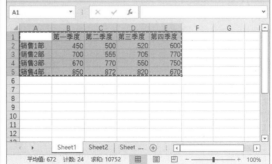

图 15-64

第 5 步 定位一个位置，再次打开【选择性粘贴】对话框，**1.** 选中【转置】复选框，**2.** 单击【确定】按钮，如图 15-65 所示。

第 6 步 即可将表格的行与列进行转置，如图 15-66 所示。最后将转置后的表格复制到 Word 文档中即可。

图 15-65

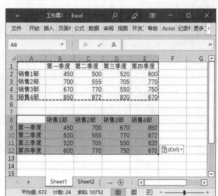

图 15-66

15.5 思考与练习

一、填空题

1. _____是 Office 办公软件套装中的组件之一，它除了和普通的电子邮箱软件一样，能够收、发电子邮件之外，还可以管理联系人和日常事务，包括记日记、安排日程、分配任务等。

2. 生活中，我们常常使用笔记本将工作要点、计划安排或对某个事件的心得体会记录下来。在 Office 2021 组件中，有一个组件叫作_____笔记本。用户使用它，能够抛弃常见的纸质笔记本，而使用电脑来轻松地记录和组织笔记。

二、判断题

1. 转发邮件即保持邮件原文不变或者稍加修改后发送给其他联系人，用户可以利用 Outlook 将所收到的邮件转发给一个人或者多个人。　　　　　　　　　　　（　　）

2. 在 OneNote 中，每个笔记本表示一个文件，用户可以根据需要创建一个或多个笔记本。　　　　　　　　　　　　　　　　　　　　　　　　　　　　　（　　）

三、思考题

1. 如何使用 Outlook 创建、编辑和发送邮件？
2. 如何在 Word 文档中创建 Excel 工作表？